Isat Skenderović

Biodiversidade e distribuição longitudinal do macrozoobentos

Isat Skenderović

Biodiversidade e distribuição longitudinal do macrozoobentos

ScienciaScripts

Imprint
Any brand names and product names mentioned in this book are subject to trademark, brand or patent protection and are trademarks or registered trademarks of their respective holders. The use of brand names, product names, common names, trade names, product descriptions etc. even without a particular marking in this work is in no way to be construed to mean that such names may be regarded as unrestricted in respect of trademark and brand protection legislation and could thus be used by anyone.

Cover image: www.ingimage.com

This book is a translation from the original published under ISBN 978-3-639-86495-3.

Publisher:
Sciencia Scripts
is a trademark of
Dodo Books Indian Ocean Ltd. and OmniScriptum S.R.L publishing group

120 High Road, East Finchley, London, N2 9ED, United Kingdom
Str. Armeneasca 28/1, office 1, Chisinau MD-2012, Republic of Moldova, Europe
Printed at: see last page
ISBN: 978-620-8-32548-0

ÍNDICE

Capítulo 1

INTRODUÇÃO

A influência do homem no ambiente é contínua e muitas vezes não está em harmonia com as leis ambientais da natureza. Do mesmo modo, o mundo vivo da Bósnia e Herzegovina não é poupado às influências antropogénicas negativas. O rápido desenvolvimento da indústria e dos aglomerados urbanos na região de Tuzla, na década de 1960, provocou um aumento súbito da procura de água. Para o efeito, foi construída uma barragem com um lago artificial perto de Lukavac, em 1964, a montante do desfiladeiro de Modrac, na bacia central de Spreca. A água da hidroacumulação de Modrac é utilizada para o abastecimento de toda a indústria química, centrais térmicas e outros consumidores industriais na área da bacia industrial de Tuzla, bem como para a proteção contra inundações abaixo da barragem de Modrac, para o desenvolvimento do turismo e outros fins.

A diversidade dos sistemas biológicos é o melhor indicador do estado do ambiente. O impacto negativo da sociedade humana no ambiente e, consequentemente, na diversidade biológica é cada vez mais evidente. Os sistemas biológicos mais complexos são os mais sensíveis ao impacto antropogénico negativo, ou seja, ao efeito do homem.

A Bósnia e Herzegovina distingue-se pelo elevado grau de biodiversidade dos componentes vegetais e animais, que dependem de factores ecológicos favoráveis. A sua importância inclui factores abióticos, posição geográfica e clima, que, juntamente com alguns outros factores ecológicos, condicionam a existência de três zonas climáticas: a zona mediterrânica-sub-mediterrânica, a zona montanhosa e a zona continental moderada. A existência de três tipos de clima, juntamente com outros factores abióticos e bióticos, condiciona a diversidade dos ecossistemas naturais no perfil horizontal e vertical da Bósnia e Herzegovina. Devido a numerosas e variadas investigações, pode ainda dizer-se que o estado da biodiversidade da zoocenose está subdesenvolvido. O melhor indicador do estado do ambiente é o nível de biodiversidade. As reacções das comunidades de macroinvertebrados a diferentes tipos e formas de poluição são diversas e úteis para avaliar o impacto de vários resíduos nos ecossistemas de água doce. A presença, a diversidade e a distribuição dos macroinvertebrados aquáticos dependem da influência dos factores ambientais.

Caraterísticas de base da bacia hidrográfica de Modrac

A região de Tuzla ocupa uma área de 1.405 km^2 . Representa uma das maiores depressões do interior dos Dináridos, na direção dinárica noroeste-sudeste, com um comprimento de cerca de 40 km e uma largura de 5 a 30 km. A fronteira ocidental da região de Tuzla é constituída pelas encostas da montanha Ozren, a fronteira norte e nordeste pelas montanhas Majevica e a fronteira sul pelas montanhas Konjuh e Javornik.

Os rios Jala e Spreca começaram a formar leitos nos seus depósitos na era pós-diluvial e a criar vales profundos, que separavam os diques do resto da depressão. A ampla planície criada permitiu o desenvolvimento das povoações, a construção de estradas e o desenvolvimento da indústria. Atualmente, todas as povoações centrais se situam na proximidade imediata dos cursos de água Jala e Spreca. A composição pedográfica e geológica do vale do Spreca é bastante diversificada. As rochas que participam neste território são maioritariamente mesozóicas, parcialmente terciárias e quaternárias, havendo também algumas que tiveram origem no Paleozoico. A costa nordeste da acumulação de Modrac, desde a barragem até à povoação de Kiseljak, é constituída por serpentina, peridotite e lerzotite. De Kiseljak até à foz de Spreca existem arenitos, ardósia, argila, areia e argila. Os lados oriental, sudeste, sudoeste e oeste de Kiseljak, através da foz de Sprece, até à aldeia de Turija, são constituídos por aluviões e dilúvios de vale, enquanto o lado norte, desde a estrada para Turija até à barragem, é constituído por serpentina, peridotite e lerzotite.

A hidroacumulação de Modrac está localizada no nordeste da Bósnia, a uma altitude de 200 metros, entre 18 ° 28' e 18 ° 35' de longitude e 44 ° 28' e 44 ° 44" de latitude. Situa-se na parte sul do território do município de Lukavac, a sudoeste de Tuzla e a noroeste de Zivinice, e tem ligações rodoviárias com os municípios mencionados, pelo que pode ser abordada de todas as direcções.

A barragem de betão armado tem 190 m de comprimento e 30 m de altura e foi construída a cerca de 600 metros a jusante da foz do rio Turija, com um ângulo de abrandamento de 200,00 m.a. s.l. A barragem foi construída no rio Spreca, no local com caraterísticas topográficas e hidrográficas favoráveis, no período de 1960 a 1964, no desfiladeiro de Modrac. A acumulação tem a forma de uma elipse longitudinal na direção este-oeste, com uma superfície de 22,5 km^2 . O comprimento da acumulação de água é de cerca de 11 quilómetros e a largura média é de cerca de 2 quilómetros. O volume total é de cerca de 100 milhões de metros cúbicos, com uma profundidade máxima de 18 metros perto da barragem.

Figura 1. Posição geográfica da Região dos Lagos de Modrac

A hidroacumulação Modrac está permanentemente inundada com revestimento eólico e com depósitos provenientes da abrasão da costa, pelo que as suas caraterísticas morfométricas se alteraram significativamente, como indicam os dados das medições efectuadas em 1985. De acordo com estes dados, a superfície do reservatório era de 16,75 km2; o volume total é de 88 x 106 m3; o volume útil é de 76 x 106 m3; a profundidade máxima é de 18 m; a profundidade média é de 5,2 m; o comprimento máximo é de 10.400 m; a largura máxima é de 1.780 m; o comprimento da margem é de 33.250 m; a água na acumulação é mudada 5-6 vezes por ano. Durante os últimos 20 anos, houve algumas mudanças nas caraterísticas morfométricas da acumulação, que afectaram especialmente o nível crítico de trabalho da acumulação, que é formado a 196 m. a. s.l., pelo que pode ser calculado com um volume total de armazenamento útil de cerca de 49 x 10 m3 de água. Ao formar a hidroacumulação, os cursos de água assumem as caraterísticas de água parada, o que leva à alteração de todo o complexo de condições ecológicas. As alterações das condições ecológicas acompanham e alteram inevitavelmente a biodiversidade do mundo vivo no novo ecossistema emergente, o que se reflecte principalmente na sua composição qualitativaquantitativa.

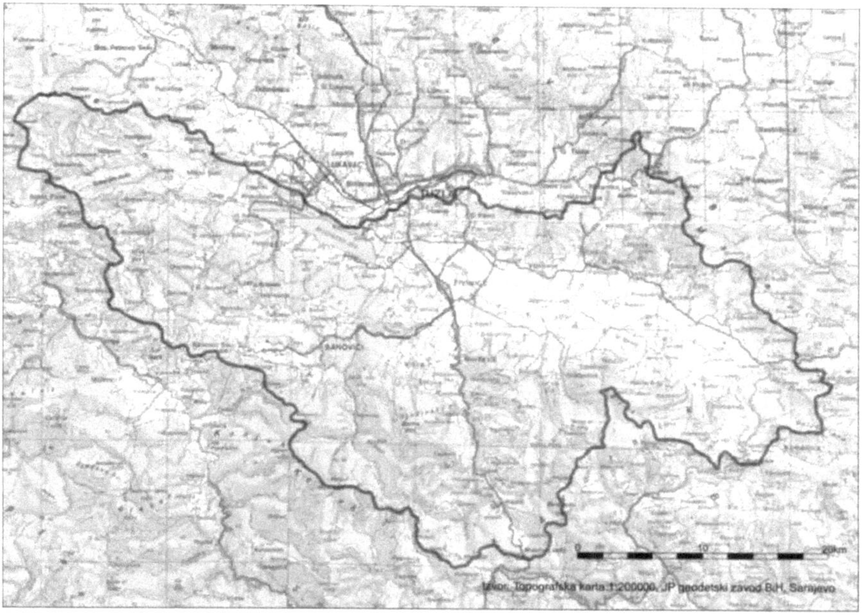

Figura 2. Mapa do lago Modrac

Para melhorar as condições de captação de água necessárias às crescentes necessidades da produção industrial, no início dos anos sessenta, foi construída uma barragem no rio Spreca, criando-se assim uma hidroacumulação, definida como um objeto específico com múltiplas finalidades. Com base em análises, trabalhos explorados, projectos e outra documentação, a acumulação de Modrac representa o único recurso nesta região a partir do qual é possível captar quantidades significativas de água e fornecer água aos habitantes do cantão de Tuzla. Para o efeito, foi tomada a decisão de declarar a barragem de Modrac como fonte de água potável. Segundo as estimativas, vivem atualmente na bacia do lago da barragem de Modrac cerca de 130.000 habitantes, dos quais cerca de 20.000 vivem diretamente na bacia da barragem, o que resulta numa população média de 110 habitantes/km^2.

Caraterísticas hidrográficas e hidrológicas da acumulação de Modrac

A acumulação de Modrac é a maior instalação de gestão da água deste tipo no país, que consiste nos rios Spreca e Turija com os seus afluentes e pequenos afluentes da acumulação. A bacia hidrográfica da albufeira de Modrac cobre uma área de 1189 km2, dos quais 832 km^2 pertencem à bacia do rio Sprece, 240 km^2 pertencem à bacia do rio Turija e 117 km^2 aos afluentes diretos da bacia.

A rede hidrográfica divide-se em caudais ocasionais e permanentes. A maioria dos afluentes são ribeiros e riachos ocasionais com uma pequena quantidade de água. Os afluentes mais importantes do lado norte são o Ljubaca e vários outros afluentes mais pequenos, como o Simonovaca, o Krivipotok e o Jasenik. No lado sul, existe uma rede hidrográfica rica, composta por vários cursos de água permanentes e ocasionais, dos quais os mais significativos são: Mednica, Ugar, ribeira de Lipica, Rijeka, Ribac e Rajcevac. No lado oeste, o afluente mais importante é o Turija com a sua bacia hidrográfica que consiste em: Seona com os afluentes Malesevac e Krusevac, Strojna, ribeira de Vuk, ribeira de Rosni, rio Orahovacka, Brijesnica com os afluentes Maticka, Krestalica e Josevac; Bukovica com os afluentes Fojnica, Kamenica e Kosamac, e Lukavac com o afluente Suha Bukovica.

O ecossistema permanente recém-formado do "lago" Modrac contribuiu significativamente para as alterações na composição do mundo vivo no antigo rio desta zona. As alterações reflectiram-se em todas as bacias hidrográficas do lago Modrac.

Com base em dados de observação plurianuais no contador de água Modrac, o caudal do Spreca com Turija varia entre 7,5 m^3 / s e 20,4 m^3 / s. É de salientar que existe uma grande amplitude entre o caudal mínimo, que pode ser inferior a 1,0 m^3 / s, e o máximo que pode ultrapassar os 500 m^3 / s.

Com base nos dados hidrológicos do perfil Modrac, o caudal médio plurianual do Sprece até 1985 é de 15,95 m^3 / s. Por conseguinte, o balanço hídrico anual total da hidroacumulação, que depende do movimento do balanço hídrico nas bacias dos seus afluentes, é de cerca de 500 milhões de m .^{3}

No período de maio a outubro, a evaporação da acumulação hídrica varia entre 0,79 e 4,14 mm/m^2 / dia, com uma média de 2,32 mm/m^2 / dia. Por conseguinte, a evaporação da água da superfície da acumulação é, em média, de aproximadamente 36 000 m^3 / dia (2005).

Caraterísticas climáticas da zona

A região de Tuzla tem caraterísticas de clima continental moderado, com algumas caraterísticas específicas do clima causadas pelo relevo, posição e outras caraterísticas geográficas naturais. As caraterísticas gerais do clima continental moderado são: fluxo anual de temperatura com um máximo e um mínimo. As amplitudes térmicas são significativas e as quatro estações do ano são claramente expressas.

Relativamente às condições de temperatura, o número de dias quentes num ano (temperatura média de 12°C) é de 205 dias. Anualmente, na região de Tuzla, há 91 dias com temperaturas negativas, ou seja, frias. A região de Tuzla tem 80 dias com temperaturas superiores a 25°C. Em média, as geadas ocorrem de 23 de outubro a 23 de abril. Na época de baixa precipitação, são frequentes as inversões de temperatura, que aumentam as diferenças de temperatura entre as zonas com maior concentração de empresas industriais (em Tuzla e Lukavac) e a parte oriental não industrializada da bacia de Tuzla. O outono é mais quente do que a primavera. Com base nos dados de temperatura extraídos das medições perenes (período 1971 - 2010) do Instituto Meteorológico Federal (Estação Meteorológica de Tuzla), pode concluir-se que a temperatura na região de Tuzla tem os seus valores mais elevados em julho (19.3 ° C), enquanto o mês mais frio é janeiro com uma temperatura média de -0,8° C. A temperatura média anual para a região de Tuzla é de 10,0 ° C. A amplitude anual da temperatura é de 20,1 ° C. A temperatura máxima média anual é de 16,1 ° C, a mais alta em julho (26,5 ° C), e a mais baixa em janeiro (3,8 ° C). A temperatura mínima média anual é de (5,0 ° C), a mais baixa em janeiro (-4,5 ° C), e a mais alta em julho (13,3 ° C).

Tabela 1. - Temperaturas médias mensais e médias anuais do ar (° C) 1971-2000.

Period	I	II	III	IV	V	VI	VII	VIII	IX	X	XI	XII	yea.
Tuzla	-0,1	1,8	5,9	10,1	15,0	17,9	19,6	19,3	15,2	10,5	5,0	1,4	10,1

Tabela 2. - Temperaturas médias mensais e médias anuais do ar no período 2001-2010.

Period	I	II	III	IV	V	VI	VII	VIII	IX	X	XI	XII	God.
Tuzla	0,6	2,3	6,8	11,2	16,0	19,2	21,0	20,4	15,1	11,2	6,7	1,4	11,0

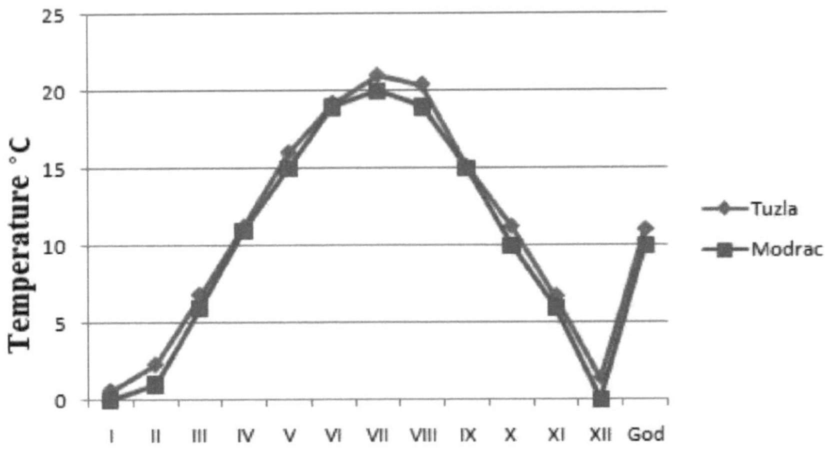

Figura 3. Distribuição mensal anual da temperatura do ar na bacia do lago Modrac e em Tuzla

A humidade relativa média anual na bacia de Tuzla é de 79%. A amplitude anual da humidade relativa do ar é de 13%, que é a diferença entre a mais elevada em dezembro, 85%, e a mais baixa em março e abril, 72%. A humidade relativa do ar na região de Tuzla provoca uma retenção crescente de gases nocivos e partículas sólidas lançadas da fábrica de soda, da central térmica "Tuzla" e de outras empresas industriais.

As caraterísticas da precipitação indicam a elevada humidade da região de Tuzla. Na região de Tuzla, a precipitação média anual é de 1.256 mm. A quantidade de precipitação aumenta com a altitude e na área com ventos húmidos, o que é caraterístico principalmente de Majevica e Dubrava. A precipitação mais elevada regista-se no final da primavera e no verão, pelo que

junho é o mês com a precipitação média mais elevada, de 110,1 mm, e o pico mais elevado é maio, com 16 dias de precipitação. A precipitação mínima foi registada na parte mais fria do ano, pelo que fevereiro é o mês com a menor precipitação de 57,0 mm. A média anual é de 29 dias com chuva e 39 com neve. A neve na região de Tuzla é mais elevada em janeiro (10 dias), com uma altura de 5 a 30 cm. A maior quantidade de precipitação que ocorre durante o verão resulta de processos convectivos, em que o ar quente e húmido se expande, condensa e produz nuvens convectivas. Estas nuvens provocam frequentemente tempestades, que podem ser acompanhadas por precipitações abundantes de chuva ou granizo. Todos estes factores influenciam o carácter de inundação repentina das águas de precipitação do sistema fluvial do lago Modrac. O vento de uma área é definido pela direção, frequência e velocidade do vento.

A região de Tuzla, com a velocidade máxima anual do vento registada de 20,5 m/s (outubro), não pertence a zonas muito ventosas. O período médio anual sem vento é de 30,6% do tempo, e a distribuição das velocidades do vento é uniforme em todas as direcções. A frequência da direção do vento mostra um certo predomínio da direção nordeste (NE), e a força dos valores médios mostra uniformidade em todas as direcções (1,3 a 2,0 m / s). A direção do vento que sopra na região de Tuzla é condicionada pela sua posição geográfica e pela disposição do campo de Spreca. A Figura 3 apresenta as partículas e as velocidades médias do vento para a estação meteorológica de Tuzla para a série de vários anos.

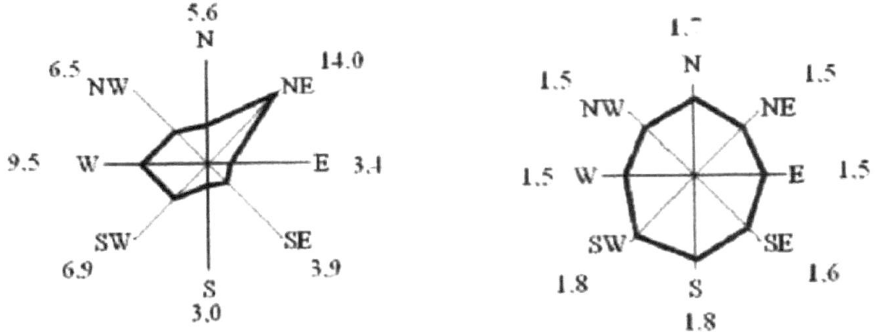

Figura 4. Representação gráfica das frequências e velocidades médias do vento em Tuzla para a série plurianual

Caraterísticas físico-químicas e bacteriológicas da água

As propriedades físico-químicas da água são de grande importância para o desenvolvimento das populações de organismos animais e vegetais. O exame dos parâmetros físico-químicos da água, que constitui um conjunto de factores abióticos, é de grande importância na investigação ecológica e zoológica dos ecossistemas aquáticos. Analisando os parâmetros obtidos das investigações físico-químicas e bacteriológicas, pode concluir-se que a qualidade da água da hidroacumulação Modrac se deteriorou. Com base numa amostragem pontual da água, pode afirmar-se que a qualidade determinada da água corresponde à qualidade habitual da água da acumulação Modrac. O desvio dos valores de indicadores individuais em relação aos valores habituais, quando se trata da acumulação Modrac, é um fenómeno completamente normal. Nomeadamente, isto ocorre normalmente na transição entre dois períodos anuais caraterísticos, quando há uma "viragem da água". Este fenómeno é uma consequência do aquecimento da água, ou seja, da diferença entre a temperatura da água à superfície e no fundo. Existem discrepâncias nos valores de alguns indicadores de qualidade da água que estão relacionados com: valor de pH, carbonatos, bicarbonatos, CO_2 ligado, mas também com outros indicadores, geralmente metais pesados.

O quadro microbiológico da acumulação de água do Modrac no verão e no outono não se altera significativamente em relação ao aspeto da primavera. A carga de bactérias coliformes fecais e de estreptococos derivados das fezes é elevada, e a presença de espécies de *Clostridium* indica uma contaminação fecal contínua da água.

No período de inverno, a carga de bactérias coliformes é ligeiramente reduzida, mas os indicadores de poluição fecal ainda estão presentes. De acordo com os resultados da nossa investigação em dezembro de 2008, o número mais provável de bactérias coliformes em 100 ml de água na parte central da acumulação de Modrac é de 24.000, enquanto o número total de bactérias mesófilas aeróbias em 100 ml de água é de 10.000. Foram isoladas bactérias coliformes de origem fecal e *Enterococcus faecalis*, ao passo que não foram isoladas espécies de *Proteus*, clostrídios sulfito-reestruturantes e *Pseudomonas aeruginosa*. As bactérias isoladas foram identificadas como: *Escherichia coli, Antracoids, Enterococcus faecalis* e *Klebsiella enterobacter*. Na parte costeira do lago, a localidade de Serici, o número mais provável de bactérias coliformes em 100 ml de água é 3800, enquanto o número total de bactérias mesófilas aeróbias em 100 ml de água é 100. Foram isoladas bactérias coliformes de origem fecal, enquanto *Enterococcus faecalis*, espécies de *Proteus*, clostrídios induzidos por sulfito e *Pseudomonas aeruginosa* não foram isolados. As bactérias isoladas foram identificadas como: *Escherichia coli, Klebsiella enterobacter* e *Citrobacter* sp. Para o período de verão, na área da parte central da acumulação Modrac, o número mais provável de bactérias coliformes em 100 ml de água é de 24.000, enquanto o número total de bactérias mesófilas aeróbias em 100 ml de água é de 34.000. Foi determinado o aumento da presença de bactérias de origem fecal. Durante o período de verão, na parte costeira do Modrac de hidrocumulação, a carga de bactérias coliformes fecais aumenta.

Comunidades de macroinvertebrados na acumulação

As comunidades de macroinvertebrados estão a ser cada vez mais utilizadas como indicadores da qualidade da água. Trata-se de um grupo de organismos muito interessante, tanto em número como em diversidade. Incluem vários grupos taxonómicos de animais que têm um tamanho corporal superior a 0,5 mm. Nos ecossistemas aquáticos, são importantes para os processos de circulação de matéria e fluxo de energia, desde a produção primária até ao nível dos redutores. Dependendo das fases do seu desenvolvimento, existe um grau diferente de sensibilidade aos parâmetros físicos e químicos da água, com base no qual é determinado o grau de saprobidade das águas investigadas. Os macroinvertebrados são os seres vivos mais sensíveis à poluição da água e à alteração das condições ambientais do meio. Nos ecossistemas em que a qualidade da água se encontra a um nível satisfatório, o número total de indivíduos na comunidade é significativamente representado por uma distribuição equitativa das espécies. De acordo com Stevovic e sar. (1983), as comunidades de macroinvertebrados do lago Modrac são constituídas por um grande número de grupos animais com relativamente poucas espécies.

Na comunidade de zoobentos da acumulação Modrac estão presentes membros de Turbelaria, Oligochaet e Mollusca, bem como larvas de insectos Diptera (*Chironomidae, Chaleridae, Ceratopogonidae*) e Megaloptera. Na parte mais profunda da acumulação, onde o fundo é lamacento, as larvas mais numerosas são *Chironomidae, Chaobordae* e *Ceratopogonidae*. O fundo rochoso e arenoso da parte costeira do lago é dominado por larvas de Ephemeroptera e Megaloptera, bem como por representantes de Turbelaria e Mollusca. De acordo com investigações anteriores e com os dados contidos no "Estudo sobre a qualidade da água para o abastecimento de água potável da região de Tuzla para 2000-2001", a presença de comunidades Zoobenthos na acumulação Modrac é bastante pobre, tanto em número de táxones como na representação de indivíduos dentro de diferentes táxones, o que resulta na formação de uma camada mais espessa no fundo que impede o desenvolvimento de macroinvertebrados. Estudos demonstraram a presença de *Limnodrilus hoffmeisteri* da classe Oligochaet e duas espécies de Diptera (*Chironomus riparius* e *Chironomus plumosus*). A presença destas espécies no fundo do lago Modrac indica uma carga orgânica elevada. As outras espécies de macroinvertebrados encontradas no lago Modrac foram representadas por um pequeno número de indivíduos.

Capítulo 2

MATERIAIS E MÉTODOS DE TRABALHO

A investigação sobre as caraterísticas ecológicas da bacia hidrográfica do Lago Modrac foi efectuada em diferentes momentos. Os rios Gostelj e Turija foram explorados em 2016 e 2017. Outras investigações actuais foram realizadas em 2015, 2016 e 2017. Uma parte da investigação foi realizada no âmbito do projeto de importância para a Federação da Bósnia e Herzegovina intitulado "Peixes e macrozoobentos como bioindicadores da qualidade dos ecossistemas aquáticos" (2016). No mesmo período, a investigação incluiu uma análise das caraterísticas físico-químicas da água, bem como uma análise da diversidade e distribuição de macroinvertebrados no fundo dos cursos de água investigados. As amostras para a análise das caraterísticas físico-químicas da água foram retiradas de dois locais no perfil longitudinal dos cursos de água, sendo um local selecionado a montante e outro a jusante. Todas as análises físicas e químicas foram efectuadas no Instituto de Saúde Pública do Cantão de Tuzla.

Para analisar a biodiversidade e a distribuição do macrozoobentos, foram selecionados 15 locais nos perfis longitudinais de cinco rios investigados. Foram selecionados os mesmos locais a montante e a jusante dos quais foram recolhidas amostras para análise física e química da água, bem como um local na parte média do curso de água. No rio Spreca, as localidades selecionadas foram: Mandura (L-1), Pjernice (L-2) e Strasanj (L-3)), locais selecionados em Oskova (VelikaZlaca (L-1), Jezevac (L-2) e Barice L-3)), Gostilja (L-1), Stupari (L-2) e Djurdjevik (L-3)), Turija (L-1), Soko (L-2) 3)) e no ribeiro Jablanica [Krivalici (L-1), Barice (L-2) e Suha (L-3)]. A amostragem dos macroinvertebrados do zooobentos das bacias hidrográficas investigadas do lago Modrac foi efectuada utilizando o método de amostragem por pontapés. O material foi processado no Laboratório de Zoologia da Faculdade de Ciências da Universidade de Tuzla. A determinação foi efectuada até ao nível da espécie, de acordo com as chaves de deteção disponíveis. A fim de examinar um quadro mais completo da presença de comunidades de macroinvertebrados nos locais investigados, foi efectuada uma análise de agrupamento. A análise de agrupamento baseia-se no índice de semelhança de Bray - Curtis.

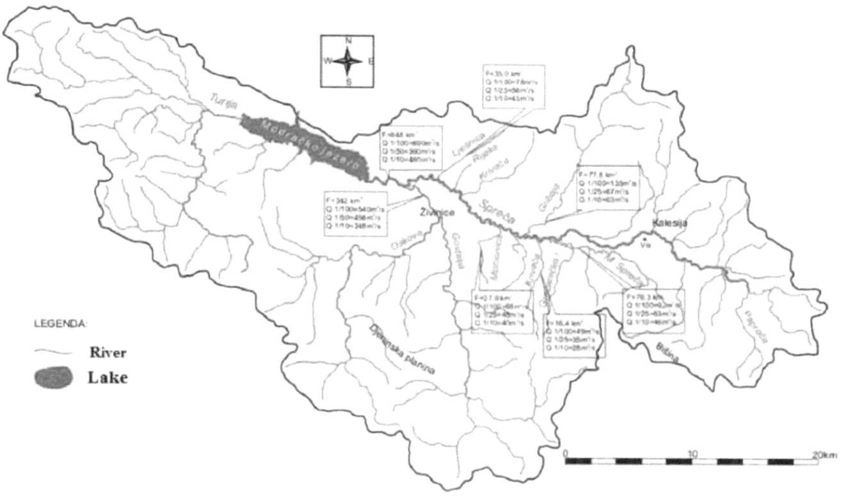

Figura 5. A bacia hidrográfica do lago Modrac com os locais de investigação

DESCRIÇÃO DOS CURSOS DE ÁGUA PESQUISADOS

Os cursos de água onde foram estudadas as comunidades de macrozoobentos são constituídos por quatro rios (Spreca, Oskova, Gostelje e Turija) e um ribeiro Jablanica.

Rio Spreca

As águas do rio Spreca pertencem à bacia do Mar Negro. O rio Spreca tem 130 km de comprimento. A nascente situa-se abaixo de Vela Glava e desagua no rio Bosna perto de Doboj. A área da sua bacia é de 1945 km^2 e é um dos maiores rios da Bósnia e Herzegovina (Kulenovic, 1994). A bacia é delimitada a norte pela montanha Trebovac, a oeste, sul e leste pelas montanhas Ozren, Konjuh e Javornik, e a nordeste por Majevica. O ponto mais alto da bacia situa-se em Konjuh, a 1328 m de altitude, e o ponto mais baixo da bacia é a foz do rio Spreca, a 143 m de altitude. Desde a nascente do rio Spreca até à sua foz no rio Bosna, o rio recebe muitos afluentes, dos quais os mais importantes são Jala, Gostilja e Turija, e muitos outros afluentes, rios e ribeiros mais pequenos. O caudal do rio Spreca também é interessante porque o reservatório de Modrac está dividido numa bacia do rio Spreca superior, acima do lago, e no curso inferior do rio Spreca, abaixo do lago. O comprimento do rio Spreca é de 47 km antes da foz do lago. Existem 227 povoações em municípios que pertencem totalmente à bacia do Spreca. O rio Spreca serpenteia durante todo o seu curso e acumula grandes quantidades de leito. A maior parte do curso do rio Spreca em direção ao norte está coberta de terra castanha e rendzina sobre cascalho do Pleistoceno e depósitos fluviais.

Figura 6. A foz do rio Spreca no lago Modrac

O solo castanho predomina nos depósitos de conglomerados. Na zona mais vasta a leste da ribeira de Grabovicki há solos argilosos castanhos. No terraço superior de Sprecanska, de Dubrave a Repnik, predominam os solos argilosos, os solos castanhos lavados em terrenos conglomeráticos e os solos castanhos distróficos em argilas do Pleistoceno. O solo argiloso sobre a superfície carbonatada e a areia encontram-se nos terraços aluviais em torno de Spreca, Oskova, Jala e seus afluentes.

Trata-se de solos arenosos ou argilosos jovens e pouco desenvolvidos. Os rios Spreca e Jala representam os principais cursos de água na área da bacia de Tuzla. O regime fluvial do Sprece é nivial e pluvial. O máximo primário ocorre em maio e o secundário em dezembro. O mínimo primário ocorre em outubro e o secundário em fevereiro. As afluências ao rio Spreca também têm um regime fluvial favorável. Devido à densidade da rede de cursos de água de menor dimensão, à configuração do relevo e à fraca permeabilidade local da zona a oeste e a norte do rio Spreca, este é por vezes húmido na povoação de Dubrava.

Rio Oskova

O rio Oskova é formado pela fusão das ribeiras de Krabanje e Velika Zlaca na parte norte da montanha Konjuh, não muito longe de Zobik. O rio Oskova pertence ao sistema hidrográfico do rio Spreca e é um dos seus afluentes mais importantes. A bacia hidrográfica do rio Oskova vai até à parte norte da Paisagem Protegida "Konjuh", numa extensão de 8 km, e atravessa a povoação de Oskova, no município de Banovici. Em seguida, corre para a área do município de Zivinice e, na aldeia de Barice, desagua em Spreca. O rio Oskova é um dos rios mais pequenos da Bósnia e Herzegovina. O caudal total do rio Oskova é de 25680 m. O ponto mais alto da bacia do rio Oskov situa-se na montanha Konjuh e o ponto mais baixo da bacia encontra-se na foz do rio Oskova no rio Spreca. A partir da nascente do rio Oskova, é utilizado um sistema para abastecer a cidade de Banovici com água potável. A jusante, a cerca de 700 m, no rio Oskova, existe uma barragem que forma a acumulação "Mackovac" na povoação com o mesmo nome. A bacia de acumulação tem cerca de 40 km^2 e a sua superfície é de cerca de 40 ha. Nos primeiros 8 km do seu curso, o Oskova atravessa a paisagem da natureza preservada pertencente à montanha Konjuh e, nessa parte, as suas margens são arborizadas e, em grande medida, limpas. O relevo é montanhoso logo no início do curso do rio. No seu fluxo posterior, passa por locais povoados pertencentes à parte plana da bacia e estende-se até à foz do rio Spreca. O rio Oskova sofre em grande parte do impacto antropogénico, que se reflecte visivelmente na qualidade da água. A bacia do rio Oskova pertence às bacias terciárias, que se caracterizam por uma área ligeiramente ondulada e arredondada coberta de bosques. A ligeira curvatura desta parte é o resultado de movimentos radiais e tangenciais, bem como da ação erosiva da água.

Figura 7. Rio Oskova

Rio Gostelja

O rio Gostilja, na povoação de Stupari, é formado por dois rios mais pequenos, Suha e Zatoca. A nascente do Suha situa-se abaixo da montanha Javornik (1019 m.a.s.l.) e a do Zatoca abaixo da elevação Ljuta (721 m de altitude). Para além destes dois rios, vários outros cursos de montanha participam na formação de Gostilja. O comprimento total do Gostilja, de Stupari a Zivinice, a aldeia de Sarenjak, onde o Gostilja desagua no Oskova, é de 28 km.

Figura 8. Rio Gostilja

A dimensão total da bacia hidrográfica de Gostilja é de 185 km2. O terreno rochoso por onde passa Gostilja é caracterizado por uma queda relativamente grande, um grande número de pequenas quedas de água, remoinhos e rápidos. Os solos aluviais estão localizados ao longo do curso de água de Stupari a Zivinice, e no lado esquerdo existem cambissolos distróficos no arenito, menos comuns na argila. Do lado direito, os cambissolos destilados encontram-se em xistos e arenitos. Atrás da zona de cambissolos distróficos existe uma região de pseudogley num relevo predominantemente plano ou pouco estratificado. Durante o verão e o início do outono, há pouca água em Gostilja, em consequência da seca e do esgotamento das águas subterrâneas. As grandes águas aparecem nos meses de outono, em resultado da chuva que se prolonga até à primavera, ou seja, até ao fim da fusão da neve. Em Zivinice, o rio Gostilja desagua, como afluente direito, no rio Oskova. O rio Gostilja pertence à primeira classe de qualidade da água no seu curso superior, enquanto na parte inferior do rio Gostilja é revelada a presença de pó de carvão proveniente da separação do carvão e de águas residuais domésticas, o que o transforma na segunda classe de qualidade da água (Adrovic, 2010).

Rio Turija

O rio Turija é um dos afluentes da acumulação de água Modrac. A nascente do rio Turija situa-se abaixo de Brezje, a noroeste de Banovici. A nascente do rio Turija é constituída por vários cursos de água situados entre as colinas de Borovica (481 m.a.s.l.) e Strazbenica (506 m.a.s.l.), sendo que para a nascente deste rio é utilizado o curso de água que se forma nas encostas noroeste da colina de Strazbenica, a uma altitude de 440 metros. A maior parte do caudal superior deste ribeiro corre na direção noroeste, enquanto o resto do ribeiro corre para leste - para a foz do lago Modrac. O comprimento total do rio é de 23 800 metros, a maior parte dos quais se situa na área do município de Lukavac. A área total de toda a bacia com os afluentes é de cerca de 242 km^2 , o declive total do curso de água é de 1,03%, enquanto o declive médio é de 0,52%. A temperatura média anual da água é de cerca de 10 graus. Os maiores afluentes do rio Turija são Brijesnica e Lukavcic, que alimentam o lago à esquerda, bem como vários rios mais pequenos, tais como Bukovica, Seona, rio Orahovacka, e o ribeiro Strojina que corre do lado oposto. Neste rio foram construídas duas barragens, a primeira perto da ponte Cericki e a grande barragem Soko. A maioria dos afluentes do rio Turija tem, na época de chuvas mais fortes, um carácter tempestuoso, o que constitui um problema múltiplo e complexo que se reflecte de forma degradante no que diz respeito aos terrenos agrícolas, e a inundação do terreno costeiro danifica as povoações e outras instalações. O seu objetivo é proteger a acumulação de Modrac do lodo de cascalho e areia e reduzir o risco de inundações de edifícios residenciais e terrenos agrícolas. A foz do rio Turija no lago Modrac situa-se a 200 m acima do nível do mar e tem caraterísticas de um delta mais pequeno, porque a água flui para o lago através de várias entradas.

Figura 9. Rio Turija

Na zona do plano aluvial do rio Turija (a zona da povoação de Turija), o problema das inundações é muito acentuado, o que põe particularmente em perigo a qualidade das terras agrícolas aráveis. A principal causa do derrame de água do rio Turija, também durante as chuvas de menor intensidade, é a permeabilidade muito baixa da bacia do rio Turija nesta zona. Por este motivo, no passado, esta parte do curso de água foi afetada por regulação e hidromelhoramento. Com estes trabalhos, o curso basal do Turija foi corrigido numa linha completa desde a ponte na estrada Lukavac-Banovici, a montante, até à ponte na estrada para a povoação de Turija, numa extensão de 2200 m.

Fluxo Jablanica

O ribeiro de Jablanica tem 6500 m de comprimento. A fronteira situa-se entre as duas comunidades locais de Barica e Suha. A nascente situa-se em Dubrava (encostas de Konjuh). Passa pelos locais povoados de Kopjevici, Krivalici, entre Delic e Barica, Dulovici, abaixo da estrada regional Poljica-Sekovici e desagua no rio Spreca perto da povoação de Suha.

O que está a pôr em perigo o mundo vivo deste ribeiro são os numerosos esgotos domésticos. A área do município de Zivinice abrange 281 km^2 e está localizada a diferentes altitudes.

O clima é moderado-continental, com uma precipitação atmosférica média anual de 864 l/m^2 , com um período vegetativo de meados de março a finais de setembro e condições de vento moderado.

Figura 10. A ribeira de Jablanica

Capítulo 3

RESULTADOS DA INVESTIGAÇÃO

CARACTERÍSTICAS FÍSICAS E QUÍMICAS DA ÁGUA DOS CURSOS DE ÁGUA PESQUISADOS

O estudo dos parâmetros físico-químicos da água, que constituem o conjunto dos factores abióticos, é de grande importância na investigação ecológica em todos os ecossistemas aquáticos. As propriedades físico-químicas da água são de grande importância para o desenvolvimento dos organismos nos ecossistemas aquáticos. A presença, a diversidade e a distribuição dos macroinvertebrados aquáticos dependem da influência dos factores ambientais. Durante a presente investigação, foram incluídos alguns dos parâmetros físicos e químicos de base das águas dos cursos de água da bacia da albufeira de Modrac.

Rio Spreca

A temperatura do rio Spreca durante as amostragens de 2016 e 2017 variou entre 8^0 C na primavera de 2017 e $12{,}2^0$ C no outono de 2016.

Para efeitos do presente documento, foram efectuadas duas análises físico-químicas da água em 2016 e 2017. As amostras foram colhidas em dois locais caraterísticos da parte superior do rio Spreca. O primeiro local de amostragem situava-se logo abaixo de Zivinice e o outro perto de Kalesija - o local de Mandura (L - 1). Estes dois locais foram selecionados para a análise física e química da água, a fim de determinar o impacto das águas residuais (águas domésticas, águas residuais industriais, águas provenientes da agricultura e águas radioactivas) nas águas da parte inferior e superior do rio Spreca.

As amostras para análise química no terceiro local (Zivinice) mostram que a água é amarelada, o pH da água é de até 8,0. A água contém nitratos até 1,891 mg/l e nitritos até 0,005 mg/l. O teor de sulfato é de 20,01 a 27,04 mg/l. O consumo de KMnO4 aumenta para 16,92 mg/l. O BPK5 é de 0,81 a 0,93 mg/l. As substâncias em suspensão são de 95 a 125 mg/l. O teor de oxigénio é mais elevado em águas de baixa temperatura do que em águas de temperatura mais elevada e, por conseguinte, neste local, é de 21,08 a 24,55 mg/l. Verifica-se um aumento das quantidades de matéria em suspensão depois de o rio receber as águas residuais das instalações industriais e de esgotos de Zivinice. Aproximadamente os mesmos resultados foram obtidos na região de Kalesija (L-1). De acordo com a categorização dos cursos de água e com base em análises físico-químicas e outros indicadores, o curso superior do rio Spreca pertence à segunda classe de qualidade da água, cujas caraterísticas essenciais são adequadas para banhos, desportos aquáticos e piscicultura de ciprinídeos, e com condicionamento adequado para o abastecimento de água potável às povoações e a uma indústria que necessita de água limpa. No entanto, é de notar que a qualidade da água de Spreca a montante da albufeira de Modrac (depois de Gostilja desaguar em Spreca) está muito abaixo da categorização, porque em Oskova e Gostelja, correm águas provenientes da separação dos depósitos de carvão de Banovici e Durdevik, da indústria da madeira de Konjuh em Zivinice. Tudo isto se situa abaixo do local de recolha de amostras de água, onde a qualidade da água piora subitamente nesta parte da bacia, especialmente no que respeita às matérias em suspensão, que provêm principalmente das lamas de carvão, pelo que o elevado teor de matérias em suspensão classifica as referidas bacias hidrográficas da bacia superior do Spreca na classe IV de qualidade.

Rio Oskova

Durante esta investigação, foram efectuados alguns parâmetros físicos e químicos básicos da bacia hidrográfica do rio Oskova. Durante a amostragem de macroinvertebrados zoobentos em todos os locais, foram medidos a temperatura do ar, a temperatura da água, o pH da água, a saturação de oxigénio, o valor de BPK5 foi medido duas vezes, em agosto de 2016 e janeiro de 2017, e o valor de nitrato e fosfato foi medido uma vez, em agosto de 2016.

A temperatura da água no rio Oskova foi medida no mesmo período, de meados de 2016 ao início de 2017. A temperatura média mais elevada da água durante todas as medições foi registada em agosto de 2016 e atingiu 19,6 °C. A temperatura média mais baixa da água no rio Oskova durante toda a medição foi medida em janeiro de 2017 e registou um valor de 5,1 °C. Durante o levantamento de todas as localidades, a temperatura mais baixa da água foi registada na água do riacho Velika Zlaca, 5,2 °C, em janeiro de 2017. A temperatura mais elevada da água foi registada na localidade de Barice (L3) no rio Oskova, 21,5 °C, em agosto de 2016.

Com base nos resultados obtidos do pH do rio Oskova, podemos observar que existe uniformidade nos locais ao longo do levantamento do curso de água. Os resultados obtidos do pH do rio Oskova mostraram os valores de neutro a pouco basal. A água é ligeiramente basal no local de Barice e Jezevac, cujo valor é 8,1. O valor mais baixo de pH da água foi medido no caudal superior deste curso de água, no local Velika Zlaca (L1), com um valor de 7,1. Os valores de saturação de oxigénio obtidos são bastante uniformes ao longo do estudo.

O teor mínimo de oxigénio de 8,5 mg/l foi registado em agosto de 2016, na água deste curso de água no local Barice (L3), enquanto a quantidade mais elevada de oxigénio, 12,5 mg/l, foi determinada no mesmo local em janeiro de 2017. Com base nos resultados obtidos durante o período investigado, podemos concluir que os valores de CBO5 da água são bastante uniformes. O valor mais baixo de BPK5 de 2,1 foi registado no local de Velika Zlaca em janeiro de 2017.

Rio Gostilja

O rio Gostilja é caracterizado por diferenças de temperatura mais elevadas durante o período investigado. A temperatura do rio Gostilja variou entre 7,1°C durante o período de inverno e 14,9°C no período de verão, no local de Durdevik. O pH da água mostrou que existe uma uniformidade dos valores na parte investigada do fluido, de ligeiramente basal (7,8) a médio basal (8,3). As medições da quantidade de oxigénio (mg / l) nos locais explorados do rio Gostilja revelaram um nível relativamente elevado no período de inverno (14,1 mg / l) em 2017. A menor quantidade média de oxigénio foi detectada em agosto de 2016 (8,81 mg / l) no local de Durdevik. Os valores de saturação (teor de oxigénio saturado) foram bastante uniformes durante o período investigado. Os resultados da investigação química revelaram valores relativamente elevados de BPK5 e KMnO4, em resultado da influência de uma maior quantidade de matéria orgânica.

Rio Turija

As temperaturas mais baixas da água do rio Turija foram registadas em abril de 2017, 10,1 °C, e as mais elevadas em agosto do mesmo ano, 24,1 °C. A água deste curso de água com base em análises químicas realizadas em 2017 apresenta os seguintes valores. A reação da água do local do estudo varia de ligeiramente basal a basal (pH 7,7-8,4). A saturação de oxigénio varia entre 6,60 - 12,45 mg / l (89,65% - 129,05%). KMnO4 - o teste indica que a água deste líquido não está fortemente sobrecarregada com resíduos orgânicos. Os valores nos locais explorados são relativamente baixos e bastante uniformes. O valor mais elevado foi determinado no período da primavera, no local 3 (a foz de Turija no Lago Modrac), quando era de 26,5 mg/l. Os valores mais baixos ocorrem no outono (outubro de 2017), quando é estabelecido um valor mínimo de 4,45 mg/l no local 1 (zona de origem). Os valores de CBO5 são relativamente baixos, indicando baixas concentrações de carga orgânica. As quantidades de sais de fósforo foram bastante variáveis durante o ensaio. No período de verão, ascenderam a 0,015 - 0,07 mg / l P-PO4, no período de primavera 0,08 - 0,165 mg / l e no outono variaram de 0,057 - 0,167 mg / l. O teor da concentração de nitratos na água do rio Turija variou de 0,03 - 0,123 mg / l e a concentração de nitritos foi de 0,01 - 0,02 mg / l.

Fluxo Jablanica

Durante a exploração de todos os locais do riacho Jablanica, a temperatura mais baixa da água foi registada no curso superior desta corrente em março de 2015, com um valor de 6,92 °C. É interessante que as temperaturas mínima e máxima foram registadas no mesmo local, Krivalici, em julho de 2015, com um valor de 9,53 °C. As águas do riacho Jablanica, com base em análises químicas realizadas em 2015 e 2016, mostram o caráter basal. A quantidade de oxigénio varia entre 11,2 mg / l e 14,1 mg / l em julho de 2015. O consumo biológico de oxigénio (CBO5), bem como o consumo de KMnO4, indica o facto de a água não estar sobrecarregada com matéria orgânica. A concentração de cloretos (9,56 - 15,65 mg / l) e sulfatos (15,43 - 32,33 mg / l) está bem abaixo da concentração máxima permitida na água potável. Os nitratos e nitritos foram encontrados em valores baixos de 0,008-0,83 mg / l.

Capítulo 4

MACROZOOBENTOS NOS RIOS DA BACIA DO LAGO MODRAC

ecologia, zoogeografia e sistemática

A análise do macrobentos dos rios examinados da bacia hidrográfica do lago Modrac revelou a presença de 94 taxa (ao nível da espécie e do género). É de salientar que as amostras dos rios examinados foram recolhidas em três locais do perfil longitudinal. Estas amostras foram recolhidas no período de 2015 até ao final de 2017. Os taxa determinados são de cinco classes, ou seja, de onze grupos de diferentes categorias taxonómicas. (tab. 3).

Tabela 3. Número de taxa determinados por grupos de Macrozoobentos

Macrozoobenthos groups	Number of taxa
GASTROPODA	7
TURBELLARIA	1
OLIGOCHAETA	4
HIRUDINEA	2
CRUSTACEA	1
EPHEMEROPTERA	24
PLECOPTERA	17
ODONATA	2
TRICHOPTERA	19
DIPTERA	10
COLEOPTERA	4
Total	94

A participação mais dominante é a dos representantes da classe Insecta - Hexapoda com 6 grupos. O subtipo Crustacea (caranguejos) está presente com uma espécie que pertence ao géneroGammarus, ordem Amphipoda, classe Malacostraca.

A diversidade biológica dos taxa nos grupos de macroinvertebrados detectados variou entre os rios investigados (p. 11). Pelo número de taxa, as amostras de zoobentos do rio Oskova destacaram-se com 81 taxa determinados e as de Gostelja com 62 taxa, enquanto os outros rios examinados apresentam um número significativamente inferior de taxa: Spreca - 39, Turija e Jablanica - 29 taxa cada.

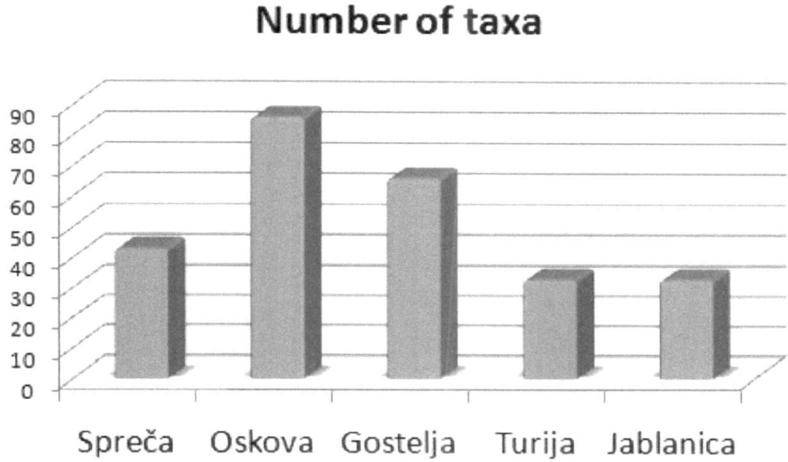

Figura 11. Número de taxa de macrozoobentos nos rios da bacia do lago Modrac

O rio Spreca

Durante os anos de investigação efectuados no caudal superior do Spreca, foi detectada a presença de 39 taxa. Foi efectuado um processamento do material recolhido em três localidades distintas: parte superior, média e inferior da área examinada. A análise da estrutura qualitativa do zoobentos no rio Spreca é apresentada no quadro 4. A análise dos resultados do zoobentos no perfil longitudinal do rio Spreca mostra claramente uma mudança na disposição dos taxa. A análise do caudal superior do rio Spreca (localidade de Mandura - Kalesija) revelou a presença de 12 taxa de 7 grupos, todos com dois taxa das classes Gastropoda, Oligochaeta e ordens insectívoras: Trichoptera, Diptera e Coleoptera. Foi detectada a presença de 20 taxa no sítio de Pjernice (uma aldeia de Vukovije), na parte média do curso superior do rio Spreca. Na área examinada deste rio, os espécimes mais dominantes são Diptera, Trichoptera e Gastropoda. A análise dos resultados mostrou uma ocorrência notável de espécimes dominantes como Insecta: Diptera, Plecoptera, Trichoptera e Ephemeroptera, e algumas unidades de Hirudinea, no caudal inferior (localidade de Strasanj - Zivinice). A presença de Gastropoda é muito significativa, assim como os poucos exemplares de Oligochaeta da família Tubificidae. O género Gammarus está presente em todo o caudal do rio.

Quadro 4. Macrozoobentos das localidades examinadas do rio Spreca

RIVER	**Spreča**		
LOCALITY	Locality Mandura (L–1)	Locality Pjernice (L – 2)	Locality Strašanj (L-3)
TAXA			
GASTROPODA			
Viviparus viviparus			+
Lymnaea truncatula		+	
Lymnaea peregra		+	+
Theodoxus fluviatilis	+	+	+
Holandriana holandri	+	+	+
TURBELLARIA			
Dugesia gonocephala			+
OLIGOCHAETA			
Eiseniella tetraedra			+
Tubifex tubifex	+	+	+
Nais pardalis	+	+	+
HIRUDINEA			
Erpobdella octoculata		+	+
CRUSTACEA			
Gammarus balcanicus	+	+	+
EPHEMEROPTERA			
Baetis rhodani	+		+
Baetis muticus			+
Rhithrogena semicolorata			+
Heptagenia quadrilineatus		+	+
Epeorus assimilis			+

Caenis macrura			+
PLECOPTERA			
Leuctra hippopus		+	+
Leuctra fusca			+
Perla sp.			+
ODONATA			
Gomphus vulgatissimus			+
Anax imperator			+
TRICHOPTERA			
Athripsodes aterrimus		+	
Hydropsyche siltalai			+
Hydropsyche angustipennis	+	+	+
Hydropsyche instabilis			+
Rhyacophila dorsalis	+	+	
Odontocerum albicorne			+
Potamophylax latipennis		+	
DIPTERA			
Tipula saginata		+	+
Tipula lateralis		+	
Chironomus thummi		+	+
Pedicia rivosa			+
Simulium sp.	+	+	+
Dicranota sp.	+		
COLEOPTERA			
Elmis aenea	+	+	
Gyrinus natator			+
Limnius volckmari	+	+	
$\sum$ taxa	12	20	30
Total of taxa	39		

A estrutura do zoobentos e a análise química da água revelam um carácter β-mesosapróbico no caudal superior do rio e um carácter α-mesosapróbico no caudal inferior. A qualidade da água no Spreca superior, a montante da hidroacumulação Modrac, após a afluência do rio Gostelja, diminui porque o

Os rios Gostelja e Oskova estão carregados com águas residuais das minas de carvão de ∏)urclevil√' ancΓBanovicΓ, bem como das instalações industriais de Zivinice, e com água da rede de esgotos das povoações vizinhas. A qualidade da água diminuiu subitamente nesta parte da bacia do rio e, devido a todas as matérias em suspensão, todos os cursos de água mencionados da bacia superior do Spreca estão classificados na classe de qualidade IV.

O rio Oskova

A investigação de macroinvertebrados no rio Oskova foi efectuada em três localidades. A primeira localidade onde foram recolhidas amostras situa-se na ribeira de Velika Zlaca, a segunda localidade situa-se abaixo da povoação de Jezevac e a terceira localidade situa-se na povoação de Barice. Durante o período de investigação, foram recolhidas 38 amostras de zoobentos em três localidades diferentes do rio Oskova. Nessas amostras foram identificados 81 taxa.

Foi determinada a presença de 52 taxa numa localidade de Velika Zlaca. Em amostras de bentos na ribeira de Velika Zlaca (L1), foram recolhidas duas espécies de caracóis (Gastropoda): Nesta localidade foi determinada a presença de sanguessugas (Hirudinea) com 4 taxa, Turbellaria com uma espécie e minhocas (Oligochaeta) com duas espécies. Os insectos aquáticos mais comuns nesta área são: moscas-das-pedras (Plecoptera), efemérides (Ephemeroptera), caddisflies (Trichoptera) e moscas-das-abelhas (Diptera). As libélulas (Odonata) e os escaravelhos (Coleoptera) estão presentes com um menor número de espécies.

A localidade 2 (L2) no rio Oskova situa-se na parte do rio que corre junto à povoação de Jezevac, tendo sido encontrados 55 taxa nas amostras recolhidas. Nas amostras colhidas na localidade L -2 estavam presentes quatro espécies de Gastropoda. A espécie mais dominante foi Viviparus *viviparus*. Oligochaeta e Hirudinea foram encontrados com uma espécie cada. Na amostra global, todos os insectos aquáticos determinados (Ephemeroptera, Plecoptera, Trichoptera, Diptera, Coleoptera e Odonata) apresentaram um número significativo e uma grande variedade biológica.

A localidade 3 no rio Oskova está situada na povoação de Barice, tendo as amostras sido recolhidas no local imediatamente abaixo da foz do rio Oskova, no rio Spreca. Foi identificada a presença de 31 taxa neste local. Os caracóis, planárias, minhocas e sanguessugas com um pequeno número de espécies estão presentes nas amostras deste local (quadro 5). A espécie *Gammarus balcanicus* é um anfípoda. Na área examinada do fluxo de água, aparecem significativamente insectos aquáticos dos géneros Ephemeroptera, Plecoptera, Trichoptera, enquanto a diversidade de outros insectos aquáticos é significativamente menor.

Quadro 5. Macrozoobentos dos sítios investigados do rio Oskova

RIVER	**Oskova**		
LOCALITY	Locality Velika Zlaća (L – 1)	Locality Ježevac (L – 2)	Locality Barice (L – 3)
TAXA			
GASTROPODA			
Ancylus fluviatilis	+	+	+
Lithoglyphus naticoides	+		
Viviparus viviparus		+	+
Physa fontinalis		+	+
Lymnaea truncatula		+	
Theodoxus fluviatilis			
TURBELLARIA			
Dugesia gonocephala	+		+
OLIGOCHAETA			
Eiseniella tetraedra	+		
Stylodrilus heringianus	+	+	+
Tubifex tubifex			+
Nais pardalis			+
HIRUDINEA			
Erpobdella octoculata	+	+	+
Haemopis sanguisuga	+		
CRUSTACEA			
Gammarus balcanicus		+	+
EPHEMEROPTERA			
Baetis rhodani	+	+	+
Baetis muticus	+	+	+
Baetis scambus			+
Baetis lutheri		+	
Baetis fluvistriga	+		

Cloeon simile		+	
Procloeon bifidum		+	
Procloeon fragile		+	
Paraleptophlebia submarginata	+	+	
Rhithrogena semicolorata	+	+	+
Rhithrogena carpatoalpina	+		
Heptagenia sulphurea	+	+	+
Heptagenia quadrilineatus	+	+	+
Ecdyonurus dispar	+	+	
Ecdyonurus venosus			+
Epeorus assimilis	+	+	
Ephemerella major	+		+
Ephemera hellenica			+
Ephemera danica	+	+	
Caenis robusta		+	+
Caenis macrura			+
Oligoneuriella rhenana			+
PLECOPTERA			
Amphinemura sulcicollis	+		
Leuctra hippopus		+	+
Leuctra nigra		+	
Leuctra fusca		+	
Nemoura cinerea	+	+	
Nemoura fluviceps		+	
Nemourella picteti	+		
Protonemoura auberti	+		
Perlodes microcephalus	+	+	
Isoperla tripartita tripartite	+	+	
Perla marginata	+	+	+
Perla sp.	+	+	+
Perla burmeisteriana		+	+
Capnia vidua	+	+	
Brachyptera seticornis	+	+	

Taeniopterix sp.		+	
Dinocras megacephala	+		
ODONATA			
Gomphus vulgatissimus	+	+	+
Anax imperator		+	+
Calopteryx virgo	+		
TRICHOPTERA			
Agapetus fuscipes	+		
Limnephilus bipunctatus		+	+
Goera pilosa	+		
Sericostoma personatum	+	+	
Athripsodes aterrimus	+		
Hydropsyche siltalai	+	+	+
Hydropsyche incognita	+		
Hydropsyche pellicidula	+		
Hydropsyche angustipennis	+	+	+
Hydropsyche instabilis	+	+	+
Rhyacophila dorsalis	+	+	+
Rhyacophila nubila		+	
Philopotamus montanus	+	+	+
Odontocerum albicorne	+	+	
DIPTERA			
Tipula saginata	+	+	+
Tipula lateralis	+	+	
Chironomus thummi	+	+	
Prodiamesa olivacea	+	+	
Pedicia immaculata		+	
Pedicia rivosa	+	+	+
Atherix ibis	+	+	
Tabanus maculicornis			+
COLEOPTERA			
Elmis aenea		+	
Riolus cupreus	+	+	
Gyrinus natator	+	+	+

∑ taxa	52	55	37
Total of taxa	81		

Biodiversidade dos macroinvertebrados do zoobentos no rio Oskova durante o

A tabela 5 apresenta os resultados de dois anos de investigação, com os locais onde foi efectuada a amostragem

fora.

O rio Gostelja

A comunidade da fauna bentónica do rio Gostelja é constituída por 11 grupos, com 62 taxa determinados (quadro 6). A presença significativa na fauna bentónica do rio Gostelja pertence aos insectos aquáticos dos géneros Ephemeroptera e Trichoptera, com 14 taxa cada, e Plecoptera - 13 taxa.

Quadro 6. Macrozoobentos das zonas examinadas do rio Gostelja

RIVER	**Gostelja**		
LOCALITY	Locality Zatoča (L – 1)	Locality Stupari (L – 2)	Locality Đurđevik(L - 3)
TAXA			
GASTROPODA			
Ancylus fluviatilis	+		
Lithoglyphus naticoides	+		
Lymnaea truncatula			+
TURBELLARIA			
Dugesia gonocephala	+	+	+
OLIGOCHAETA			
Eiseniella tetraedra	+		
Stylodrilus heringianus	+		
HIRUDINEA			
Erpobdella octoculata	+	+	+
Haemopis sanguisuga	+	+	
CRUSTACEA			
Gammarus balcanicus		+	+
EPHEMEROPTERA			
Baetis rhodani	+	+	
Baetis muticus	+	+	

Baetis scambus		+	
Baetis lutheri		+	
Baetis fluvistriga	+		
Paraleptophlebia submarginata	+		
Rhithrogena semicolorata	+		
Rhithrogena carpatoalpina	+	+	+
Heptagenia sulphurea	+		
Heptagenia quadrilineatus	+	+	+
Ecdyonurus dispar	+		
Epeorus assimilis	+		
Ephemerella major	+		+
Ephemera danica	+		
DIPTERA			
Tipula saginata	+	+	
Tipula lateralis	+		
Chironomus thummi	+	+	+
Prodiamesa olivacea	+	+	
Pedicia rivosa	+	+	+
Atherix ibis	+		
ODONATA			
Gomphus vulgatissimus	+	+	
Calopteryx virgo	+		
TRICHOPTERA			
Agapetus fuscipes	+	+	
Limnephilus bipunctatus		+	+
Goera pilosa	+	+	
Sericostoma personatum	+	+	
Athripsodes aterrimus	+		
Hydropsyche siltalai	+	+	+
Hydropsyche incognita	+	+	
Hydropsyche pellicidula	+	+	
Hydropsyche angustipennis	+	+	+
Hydropsyche instabilis	+	+	

Rhyacophila dorsalis	+		
Rhyacophila nubila		+	
Rhyacophila fasciata		+	
Philopotamus montanus	+	+	+
Odontocerum albicorne	+		
PLECOPTERA			
Amphinemura sulcicollis	+		
Leuctra hippopus		+	
Nemoura cinerea	+	+	+
Nemourella picteti	+		
Protonemoura auberti	+	+	
Perlodes microcephalus	+	+	
Isoperla tripartita tripartite	+		
Perla marginata	+	+	
Perla sp.	+	+	+
Perla burmeisteriana		+	
Capnia vidua	+		
Brachyptera seticornis	+		
Dinocras megacephala	+		
COLEOPTERA			
Elmis aenea		+	
Riolus cupreus	+	+	
Gyrinus natator	+	+	
∑ taxa	52	37	15
Total of taxa	62		

Os três grupos apresentam uma diversidade significativa na primeira parte do curso superior (localidade de Zatoca). A diversidade de determinadas moscas é significativamente reduzida nas amostras zoobentónicas colhidas na segunda e terceira localidades (Stupari e Durdevik). Os representantes das ordens Plecoptera e Trichoptera mantêm uma diversidade significativa na localidade de Stupari, enquanto o número de taxa determinados na localidade de Durdevik é significativamente inferior. Quanto aos outros macroinvertebrados determinados na zona examinada do rio, os representantes da ordem Diptera são mais importantes, enquanto a presença dos outros grupos é consideravelmente inferior. (quadro 6).

O rio Turija

Tabela 7. Macrozoobentos das localidades examinadas do rio Turija

RIVER	Turija		
LOCALITY	Trešnjevo (L - 1)	Soko (L – 2)	Ušće (L – 3)
TAXA			
GASTROPODA			
Viviparus viviparus	+		
Theodoxus fluviatilis	+		
OLIGOCHAETA			
Eiseniella tetraedra	+		
Tubifex tubifex		+	+
Nais pardalis	+		
HIRUDINEA			
Haemopis sanguisuga			+
CRUSTACEA			
Gammarus balcanicus	+	+	
EPHEMEROPTERA			
Baetis rhodani	+		
Baetis lutheri	+		
Heptagenia sulphurea	+	+	
Ephemerella ignita	+		
Oligoneuriella rhenana	+		
PLECOPTERA			
Leuctra hippopus	+		
Nemoura cinerea		+	
Brachyptera seticornis	+		
ODONATA			
Gomphus vulgatissimus		+	
TRICHOPTERA			
Sericostoma personatum	+		
Hydropsyche siltalai	+		
Hydropsyche angustipennis	+	+	
Hydropsyche instabilis		+	+

Rhyacophila nubila			
Rhyacophila fasciata	+		
Polycentropus flavomaculatus		+	
DIPTERA			
Tipula lateralis	+		
Chironomus thummi	+	+	
Atherix ibis		+	
COLEOPTERA			
Elmis aenea	+		
Riolus cupreus	+		+
Gyrinus natator	+		+
Limnius volckmari	+		
∑ taxa	22	10	5
Total of taxa	29		

As pesquisas neste rio foram realizadas entre 2016 e 2017. A comunidade bentónica de macroinvertebrados do rio Turija no perfil longitudinal é constituída por 29 taxa no total. A comunidade é muito específica: na localidade de Tresnjevo, foram determinadas 22 espécies de 8 grupos, na segunda localidade deste rio, o número de taxa é significativamente inferior; apenas 10 espécies de 7 grupos. A terceira localidade é a mais pobre em termos de diversidade -5 espécies, devido às caraterísticas específicas do seu biótopo. Nomeadamente, esta localidade é caracterizada pelo fundo construído a partir de uma espessa camada de lamas que se formou como produto da sedimentação de resíduos orgânicos e, em parte, de uma rede de esgotos. As espécies determinadas são identificadas maioritariamente nas folhas que cobrem as lamas. Em todo o grupo de amostragem, Ephemeroptera apresenta a maior diversidade com 5 taxa, seguido de Trichoptera e Coleoptera com 4 espécies cada. A diversidade de outros grupos determinados neste rio é menor (quadro 7).

A ribeira de Jablanica

Foram determinados 9 grupos de organismos da fauna bentónica com 29 taxa na área examinada deste ribeiro. A estrutura dos macroinvertebrados zoobentónicos da ribeira de Jablanica é apresentada no quadro 8.

Quadro 8. Macrozoobentos das localidades examinadas na ribeira de Jablanic

STREAM	**Jablanica**		
LOCALITY	Locality Krivalići (L – 1)	Locality Barice (L - 2)	Locality Suha (L – 3)
TAXA			
TURBELLARIA			
Dugesia gonocephala	+	+	
HIRUDINEA			
Erpobdella octoculata		+	+
Haemopis sanguisuga		+	+
CRUSTACEA			
Gammarus balcanicus	+	+	+
EPHEMEROPTERA			
Baetis rhodani	+	+	+
Baetis muticus	+	+	
Baetis scambus	+	+	+
Baetis lutheri	+	+	
Paraleptophlebia submarginata	+		
Rhithrogena carpatoalpina		+	
Heptagenia sulphurea			
Heptagenia quadrilineatus	+	+	+
Ecdyonurus dispar			+
Ephemera hellenica	+		
Ephemera danica			+
Caenis robusta	+		
PLECOPTERA			
Leuctra hippopus	+	+	+
Nemoura cinerea	+	+	+
Perla sp.	+		
ODONATA			
Gomphus vulgatissimus	+	+	+
TRICHOPTERA			
Sericostoma personatum	+	+	
Hydropsyche siltalai	+	+	+

Silo pallipes	+	+	+
Silo piceus	+	+	
DIPTERA			
Tipula saginata	+	+	
Tipula lateralis	+	+	+
Chironomus thummi	+	+	+
Prodiamesa olivacea	+	+	
Tabanus maculicornis	+	+	+
COLEOPTERA			
Limnius volckmari	+	+	+
Hydraena gracilis	+	+	
∑ taxa	25	24	17
Total of taxa	29		

De acordo com a diversidade biológica, o local significativo pertence ao grupo Ephemeroptera (moscas) com 12 espécies determinadas, Diptera - 5 espécies, Trichoptera - 4 espécies, Plecoptera com 3 espécies. Na primeira localidade (Krivalici) foi analisada a estrutura qualitativa do zoobentos. Foram registadas 25 espécies, entre as quais 8 pertencem ao grupo Ephemeroptera com a presença dominante da espécie Baetis *muticus.* As espécies desta ordem *Baetis rhodani* e *Baetis scamus* foram também encontradas nas outras duas localidades.

A espécie *Heptagenia quadrilineatus* foi também encontrada nas três localidades examinadas no ribeiro Jablanica. As cinco espécies do grupo Diptera, com presença dominante de indivíduos do género *Tipula e* da espécie Chironomus *thummi,* foram encontradas em duas localidades do ribeiro superior. Os Trichoptera (caddisflies) estão presentes com um pequeno número de indivíduos da espécie Sericostoma *personatum,* enquanto o número e a distribuição das espécies *Hydropsyche siltalai* e *Silo pallipes são* maiores na amostra global da ribeira examinada. Os indivíduos da espécie *Gomphus vulgatissimus* do grupo Odonata estão presentes nas três localidades examinadas. Das três espécies determinadas da ordem Plecoptera (moscas-das-pedras), apenas *Perla illiesi* está presente na primeira localidade; outras espécies determinadas deste grupo estão presentes no perfil longitudinal deste ribeiro. Na localidade de Barice, no que diz respeito à diversidade, foi identificada uma comunidade muito rica de macroinvertebrados - 24 taxa, constituídos pelos seguintes grupos Ephemeroptera, Trichoptera e Diptera. Dos Coleoptera (escaravelhos) presentes

espécies presentes são *Limnius volckmari* e *Hydraena gracilis*, que também podem ser identificadas nos dois primeiros sítios.

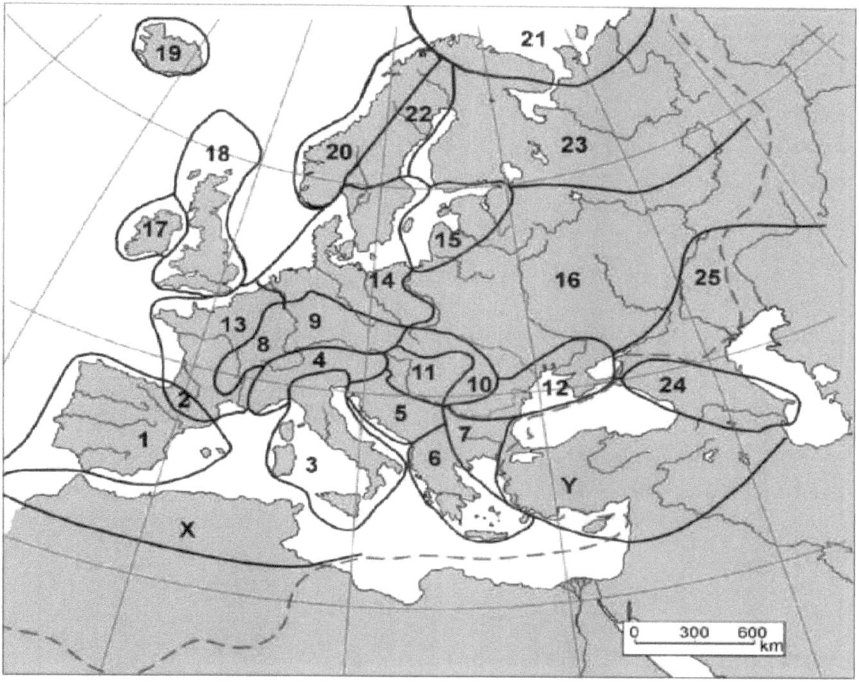

1. Península Ibérica
2. Pirinéus
3. Itália (Península Apenina)
4. Os Alpes
5. Balcãs Ocidentais (dinarianos)
6. Balcãs Ocidentais (Helénicos)
7. Balcãs Orientais
8. Montanhas da Europa Ocidental
9. Montanhas da Europa Central
10. montanhas dos Cárpatos
11. Planícies da Panónia
12. Província pôntica
13. Planícies ocidentais
14. Planícies centrais

15. Báltico
16. Planícies orientais
17. Irlanda
18. Inglaterra
19. Islândia
20. Terras altas boreais
21. Tundra
22. Norte da Suécia
23. Taiga
24. Cáucaso
25. Planícies do Cáspio

Figura 12. Regiões zoogeográficas da limnofauna da Europa de acordo com Illies (I l l i e s 1978).

Dos caranguejos (Crustacea), *Gammarus balcanicus está* presente nos três sítios examinados. A terceira localidade da ribeira de Jablanica é a ribeira inferior, situada na povoação de Suha, onde foram encontrados 17 taxa. Foram encontradas 2 espécies de Hirudinea (sanguessugas), *Erpobdella octoculata* e *Haemopis sanguisuga*, tal como na localidade de Barice.

PHYLUM MOLLUSCA (Moluscos)

Os moluscos pertencem a um dos grupos de organismos mais bem explorados. Os moluscos são um grupo de organismos muito heterogéneo e, pelo seu número, situam-se logo a seguir aos Arthropoda. Até hoje foram descritas cerca de 130000 espécies recentes e 45.000 espécies extintas. Os moluscos estão presentes apenas na classe Gastropoda nos cursos de água examinados. Foram identificadas 8 espécies de caracóis de 7 famílias e 2 subclasses.

Classe GASTROPODA (Caracóis)
Subclasse PULMONATA
Família Ancylidae
Género *Ancylus*
Ancylus fluviatilis (O.F.: Muller, 1774);
A espécie *Ancylus fluviatilisn* foi encontrada em amostras bentónicas dos rios Oskova, Gostelja e Turija. Tem uma ampla distribuição na Europa, exceto nas zonas da Islândia e da Tundra.

Família Lymnaeidae

Género *Lymnaea*

Lymnaea truncatula (O.F.: Muller, 1774);

A espécie *Lymnaea truncatula* foi encontrada em amostras bentónicas de cursos de água médios nos rios Spreca, Oskova e Gostelja.

Lymnaea , peregra (O.F.: Muller, 1774);

Lymnaea peregra habita águas de corrente lenta; foi encontrada na fauna bentónica do rio Spreca.

Família Neretidae

Género *Theodoxus*

Theodoxus fluviatilis (Linnaeus, 1758);

A espécie *Theodoxus fluviatilis* foi encontrada nas amostras do curso superior do rio Spreca, em águas com fundo pedregoso e seixos. Encontra-se amplamente distribuída na Europa (Península Ibérica, Pirinéus, Itália, Alpes, Balcãs, Montanhas da Europa Ocidental e Central, Cárpatos, Província Pôntica, Planícies Ocidentais, Centrais e Orientais, Báltico, Norte da Suécia, Taiga, Planícies do Cáspio, Irlanda e Inglaterra).

Subclasse PROSOBRANCHIA

Família Hydrobiidae

Género *Lithoglyphus*

Lithoglyphus naticoides (C. Pfeiffer, 1828);

A espécie *Lithoglyphus naticoides* foi encontrada em amostras bentónicas do caudal superior dos rios Oskova e Gostelja.

Família Viviparidae

Género *Viviparus*

Viviparus viviparus (Linnaeus, 1758);

O Viviparus viviparus (caracol trombeta da Malásia) habita águas com vegetação bem desenvolvida. Foi encontrado em amostras bentónicas dos rios Spreca, Oskova e Turija.

Família Melanopsidae

Género *Holandriana*

Holandriana holandri (C. Pfeiffer, 1828);

A espécie *Holandriana holandrifoi* encontrada em todas as localidades do rio Spreca. Prefere águas com fundos pedregosos e seixos.

Família Physidae

Género *Physelia*

Physa fontinalis (Linnaeus, 1758);

Esta espécie foi encontrada apenas na fauna bentónica do rio Oskova.

CLASSE TURBELLARIA (Planárias)

A maior parte das espécies vive na água (salgada e doce) e no solo húmido, enquanto há um pequeno número de espécies de parasitas e comensais.

Da classe Turbellaria apenas uma espécie foi encontrada nos rios examinados da bacia do lago Modrac.

Família Dugesiidae

Género *Dugesia*

Dugesia gonocephala (Duges, 1830); (= *Planaria gonocephala*)

A espécie *Dugesia gonocephala* foi encontrada em amostras bentónicas dos rios Spreca, Oskova, Gostelja e Jablanica. *A Dugesia gonocephala* distribui-se na Europa: Península Ibérica, Pirinéus, Itália, Alpes, Balcãs, província pôntica, montanhas da Europa Ocidental e Central, planícies ocidentais e orientais, planícies da Panónia, província báltica, Cáucaso, planícies do Caspan.

PHYLUM ANNELIDA (Vermes anelados)

Os Annelida são protossomas bilateralmente simétricos que habitam todos os tipos de ecossistemas aquáticos, enquanto um número significativo destes organismos está completamente adaptado a viver no solo. O Phyllum Annelida na bacia hidrográfica do lago Modrac está presente em duas classes: Oligochaeta e Hirudinea.

CLASSE OLIGOCHAETA (Minhocas)

Esta classe inclui organismos em forma de tubo com corpo longo semelhante a um verme. Habitam a superfície do solo e as águas doces, enquanto um número menor vive nas águas do mar. Vermes terrestres com 4 espécies, de 4 famílias, estão presentes na área de captação do Lago Modrac.

Família Lumbricidae

Género *Eiseniella*

Eiseniella tetraedra (Savigny, 1826);

A espécie *Eiseniella tetraedra* habita musgos e foi encontrada nas bacias hidrográficas de todos os cursos de água examinados, com exceção do curso de água Jablanica.

Família Lumbriculidae

Género *Stylodrilus*

Stylodrilus heringianus (Claparede, 1862);

Esta espécie está presente em amostras bentónicas dos rios Oskova e Gostelja.

Está presente em toda a Europa (Balcãs dinamarqueses ocidentais, Pirinéus, Itália, Alpes, Cárpatos, montanhas da Europa Central, planícies da Panónia, planícies ocidentais, centrais e orientais, província do Báltico, terras altas boreais, Irlanda, Islândia, Norte da Suécia, Inglaterra, Tundra e Taiga).

Família Tubificidae

Género *Tubifex*

Tubifex tubifex (Muller, 1773);

A espécie *Tubifex tubifexhq* foi encontrada em todas as amostras de fauna bentónica dos rios Spreca, Oskova e Turija. Os Tubificidae são residentes de rios com lamas sedimentadas e grandes concentrações de matéria orgânica. *O Tubifex tubifex* representa um bom indicador de águas gravemente poluídas. Está amplamente distribuído por toda a Europa, exceto na Península Ibérica.

Família Naididae

Género *Nais*

Nais pardalis (Piquet, 1906);

Os Naididae estão presentes na fauna bentónica dos mesmos cursos de água que *os Tubificidae*. *Os Naididaeare* são organismos eurivalet e são fracos indicadores da qualidade da água.

CLASSE HIRUDINEA (Sanguessugas)

Muitas sanguessugas vivem em água doce, em solo húmido, e um número menor vive em água salgada. As investigações actuais na zona de captação do lago Modrac revelam a presença de duas espécies.

Família Erpobdellidae

Género *Erpobdella*

Erpobdella octoculata (Linnaeus, 1758);

A Erpobdella octoculataza está presente em maior número do que a *Haemopis sanguisuga* na fauna bentónica dos cursos de água examinados. A espécie *Erpobdella octoculata* foi encontrada em todas as amostras dos cursos de água examinados, exceto no rio Turija. Distribui-se por toda a Europa, exceto na Islândia e no Norte da Suécia.

Família Hirudinidae
Género *Haemopis*
Haemopis sanguisuga (Linnaeus, 1758);
As investigações nos cursos de água da zona de influência do Lago Modrac's mostram que a espécie *Haemopis sanguisugais* está presente em todos os rios, exceto no rio Spreca. Está amplamente distribuída na Europa, exceto na Tundra, Islândia e Norte da Suécia.

SUBPHYLUM CRUSTACEA (Caranguejos)

Os crustáceos (caranguejos) vivem maioritariamente em todas as zonas das bacias hidrográficas, enquanto um número mais reduzido está adaptado a viver no solo.

Na ordem Amphipoda, o género mais famoso é Gammarus, cujos representantes habitam as águas salgadas e doces. Nas águas doces da Europa, existe um grande número de espécies deste género, entre as quais a mais amplamente distribuída é a espécie *G. pulex.* Além desta espécie, na Península Balcânica foram encontradas espécies endémicas deste género: *G. bosniacus, G. pljakici* e *G.ochridensis.*

Família Gammaridae
Género *Gammarus*
Gammarus balcanicus (Schaferna, 1922);

A espécie *Gammarus balcanicus* foi encontrada em amostras zoobentónicas de todos os rios examinados da bacia do lago Modrac. Esta espécie é um bom indicador de águas límpidas e mostra uma extrema sensibilidade à poluição orgânica. Está amplamente distribuída na Europa, exceto na Tundra, nos Pirenéus e na Península Ibérica.

CLASSE INSECTA (Insectos)

Ordem Ephemeroptera
Entre os macroinvertebrados, os efemerópteros (efemerópteros) ocupam um lugar importante na monitorização, pois são insectos cujo crescimento está relacionado com a água doce. Põem ovos na água, e os ovos aderem frequentemente à matéria subaquática ou às plantas. Representam uma importante comunidade da fauna bentónica nos caudais superiores

dos rios, e o seu número aumenta das regiões de nascente para a zona da parte média dos cursos de água das terras altas. Nos rios da bacia do Lago Modrac, durante a investigação, foram encontrados 23 taxa de 7 famílias. As investigações efectuadas até agora mostraram que na Bósnia-Herzegovina vivem cerca de 58 espécies de efémeras, classificadas em 9 famílias europeias: Baetidae, Ephaemerellidae, Ephemeridae, Oligoneuridae, Siphloneuridae, Leptophlebiidae, Pothamantidae, Caenidae e Heptagenidae.

Família Baetidae

Género *Baetis*

Baetis rhodani (Pictet 1843);

Esta espécie foi encontrada em todos os 5 cursos de água examinados da bacia do lago Modrac. Distribui-se por toda a Europa, com exceção da Islândia e das terras baixas do Cáspio.

Baetis muticus (Linnaeus, 1758);

A espécie foi encontrada em amostras zoobentónicas dos rios (Spreca, Gostelja e Oskova) e do ribeiro Jablanica.

Baetis scambus (Eaton, 1870);

Foi registada uma presença significativa desta espécie na ribeira de Jablanica. Em Gostelja e Oskova está presente em menor número. Nos outros rios examinados, esta espécie, *Baetis scambus*, não *estava* presente.

Baetis lutheri (Muller - Liebenau, 1967);

Nas amostras zoobentónicas do rio Spreca, não se registou a presença da espécie *Baetis lutheri*. Noutras amostras, esta espécie foi encontrada. *A espécie Baetis lutheriis* distribui-se por toda a Europa: Península Ibérica, Pirinéus, Alpes, Península Balcânica, Cárpatos, província pôntica, montanhas da Europa Central e Ocidental, planícies ocidentais e orientais.

Baetis sp.

Esta espécie aparece em todas as amostras de fauna bentónica de Oskova e Gostelja.

Género *Cloen*

Cloen simile (Eaton, 1870);

Os estudos efectuados identificaram a presença de Cloen simile apenas no rio Oskova.

Rod *Procloeon*

Procloeon bifidum (Bengtsson, 1912); i

Procloeon fragile (McDunnough, 1923);

Procloeon fragile e *Procloeon bifidumare distribuem-se* apenas no rio Oskova.

Família Leptophlebiidae

Género *Paraleptophlebia*

Paraleptophlebia submarginata (Stephens, 1835);

A espécie foi identificada nas amostras dos rios Oskova e Gostelja e do ribeiro Jablanica.

Família Heptagenidae

Género *Rhithrogena*

Rhithrogena semicolorata (Curtis, 1834);

Encontra-se presente em amostras de fauna bentónica dos rios Spreca, Oskova e Turija.

Rhithrogena carpatoalpina (Klonowska, Olechowska, Sartori e Weichselbaumer, 1987). Esta espécie foi detectada na fauna bentónica dos rios Oskova, Gostelja e Jablanica.

Género *Heptagenia*

Heptagenia sulphurea (Muller, 1776);

Encontra-se na fauna bentónica dos rios Spreca, Oskova e Turija. Está amplamente distribuída na Europa.

Heptagenia quadrilineatus (Landa, 1970);

Encontra-se amplamente distribuída nos cursos de água da bacia hidrográfica do Lago Modrac (Spreca, Oskova, Gostelja e Jablanica). Na Europa, habita zonas das montanhas da Europa Central, dos Cárpatos e das planícies centrais e orientais.

Género *Ecdyonurus*

Ecdyonurus dispar (Curtis, 1834);

A espécie está presente na fauna bentónica dos rios do Lago Modrac (Oskova, Gostelja e Jablanica). Na Europa, encontra-se amplamente distribuída (Península Ibérica, Pirinéus, Itália, Alpes, Península Balcânica, Montanhas da Europa Ocidental e Central, Cárpatos, planícies da Panónia, planícies ocidentais e orientais, Irlanda e Inglaterra).

Ecdyonurus venosus (Fabricius, 1775);

Os estudos efectuados revelaram a presença desta espécie apenas na fauna bentónica do rio Oskova. Na Europa, está amplamente distribuída juntamente com a espécie *Ecdyonurus dispar*.

Género *Epeorus*

Epeorus assimilis (Eaton, 1885); (= *Epeorus sylvicola*)

A espécie é identificada em Spreca, Oskova e Gostelja. Distribui-se na Europa: Península Ibérica, Pirinéus, Itália, Alpes, Península Balcânica, Montanhas da Europa Ocidental e Central, Cárpatos, Planícies da Panónia, Planícies Ocidentais e Orientais, Província Pôntica e Cáucaso.

Família Ephemerellidae

Género *Ephemerella*

Ephemerella ignita (Poda, 1761);

Está presente apenas na fauna bentónica do rio Turija. Está amplamente distribuída na Europa, exceto na Islândia, no Norte da Suécia e nas terras baixas do Cáspio.

Ephemerella major (Klapalek, 1905); = (Torleya major)

Os estudos efectuados demonstraram a presença desta espécie nos rios Oskova e Gostelja.

Família Ephemeridae

Género *Ephemera*

Ephemera danica (Muller, 1764);

Distribui-se por toda a Europa, exceto na Islândia, no Cáucaso e nas terras baixas do Cáspio.

Ephemera hellenica (Demoulin, 1955);

É um componente da fauna bentónica do rio Oskova e do ribeiro Jablanica.

Família Caenidae

Género *Caenis*

Caenis macrura(Stephens, 1825);

A espécie foi identificada nos rios Spreca e Oskova. Está amplamente distribuída na Europa (Península Balcânica, Itália, Alpes, Cárpatos, montanhas da Europa Ocidental e Oriental, planícies da Panónia, planícies ocidentais, centrais e orientais, província pôntica, província báltica, terras altas boreais, Inglaterra, tundra e taiga).

Caenis robusta (Eaton 1884);

Foi encontrado no rio Oskova.

Família Oligoneuriidae

Rod *Oligoneuriella*

Oligoneuriella rhenana (Imhoff, 1852);

Está presente na fauna bentónica dos rios Oskova e Turija, com um pequeno número de indivíduos.

A ordem Plecoptera (moscas-das-pedras) habita todas as partes da Terra, exceto os pólos. Vivem diretamente nos ecossistemas aquáticos da terra, onde se dá grande parte do seu crescimento. As larvas vivem em águas limpas e correntes e são bons indicadores da qualidade da água. Aparecem em águas que são classificadas como águas de nível I e II de qualidade. No perfil longitudinal dos rios, a presença de Plecoptera na fauna bentónica aumenta da nascente para o caudal médio, diminuindo depois novamente para o caudal mais baixo das águas das terras altas. Na Bósnia e Herzegovina, este grupo está bem estudado e estão descritas mais de 70 espécies. Esta diversidade é caracterizada pela presença de 13 espécies e subespécies endémicas.

Família Nemouridae

Género *Amphinemura*

Amphinemura sulcicollis (Stephens, 1836);

Está presente em amostras bentónicas dos rios Oskova e Gostelja.

Género *Nemoura*

Nemoura cinerea (Retzins, 1783);

Esta espécie encontra-se frequentemente em zonas de rios com muita vegetação. Está presente em todos os rios examinados, exceto no rio Spreca.

Nemoura fluviceps (Klapalek, 1902);

Está presente em amostras de zoobentos do rio Oskova.

Género *Nemourella*

Nemourella picteti (Klapalek,1900);

Habita grandes riachos e rios com muita vegetação. É parte integrante da fauna bentónica dos rios Oskova e Gostelja.

Género *Protonemoura*

Protonemoura auberti (Illies, 1954);

A literatura refere que esta espécie habita sobretudo riachos de nascente ou partes dos cursos de água que correm diretamente desses riachos (Kacanski, 1972). A espécie *Protonemoura aubertiis* está presente no caudal superior dos rios Oskova e Gostelja. Na Europa, habita os Balcãs (ocidentais e orientais), as montanhas da Europa Ocidental e Central, os Cárpatos, os Alpes e as margens de Itália.

Família Leuctridae

Género *Leuctra*

Leuctra hippopus (Kempny, 1899);

Esta espécie está relacionada com os fundos de pedra. É a espécie mais numerosa, encontrando-se em amostras de todos os rios examinados.

Leuctra nigra (Olivier, 1811);

Foi encontrado nas amostras do rio Oskova.

Leuctra fusca (Linnaeus, 1758);

Foi encontrado como parte integrante dos macroinvertebrados nos rios Oskova e Spreca.

Família Perlodidae

Género *Perlodes*

Perlodes microcephalus (Pictet, 1833);

Os indivíduos desta espécie estão presentes nos rios Oskova e Gostelja.

Género *Isoperla*

Isoperla tripartita tripartite (Illies, 1954);

É detectado em amostras bentónicas dos rios Oskova e Gostelja.

Família Perlidae

Género *Perla*

Perla marginata (Panzer, 1799);

Os estudos efectuados revelaram a presença desta espécie nas águas dos rios Oskova e Gostelja.

Perla sp. É uma parte integrante da comunidade de macroinvertebrados nos rios Spreca, Oskova, Gostelja e Jablanica.

Perla burmeisteriana (Claassen, 1936);

Encontra-se presente em amostras dos rios Oskova e Gostelja.

Género *Dinocras*

Dinocras megacephala (Klapalek, 1907);

Está presente com um pequeno número de indivíduos em amostras zoobentónicas do rio Oskova - 3 indivíduos, e um indivíduo em amostras do rio Gostelja.

Família Taenopterygidae

Género *Brachyptera*

Brachyptera seticornis (Klapalek, 1902);

Os indivíduos desta espécie estão amplamente distribuídos na Europa (Península

Ibérica, Pirinéus, Alpes, Cárpatos, montanhas da Europa Central e Ocidental e planícies da Panónia). Os estudos efectuados revelaram a presença desta espécie em amostras dos rios Oskova, Gostelja e Turija.

Género *Taeniopterix*

Taeniopterix sp. é identificada no rio Oskova.

Família Capnidae

Género *Capnia*

Capnia vidua (Klapalek, 1904);

Esta espécie é um bom e fiável bioindicador de águas oligossapróbicas. Por essa razão, foi encontrada em amostras bentónicas do caudal superior dos rios Oskova e Gostelja.

Ordem Odonata (libélulas) - vivem sobretudo perto da água, mas podem afastar-se dela à procura de alimento, pois são insectos extremamente carnívoros. As libélulas são insectos grandes, de corpo comprido, muitas vezes com cores bonitas e marcas visíveis no abdómen. Nos rios, encontram-se sobretudo em águas com fundos lamacentos e em águas com alguns restos de plantas. São tolerantes a um elevado nível de poluição orgânica.

Género *Gomphus*

Gomphus vulgatissimus (Linnaeus, 1758);

Tem uma ampla distribuição na Bósnia e Herzegovina, o que é demonstrado pela sua presença em todas as amostras bentónicas dos rios examinados. *O Gomphus vulgatissimus* está distribuído na zona da Europa Central e Setentrional.

Género *Anax*

Anax imperator (Leach, 1815);

Encontram-se indivíduos desta espécie nas amostras bentónicas dos rios Spreca e Oskova. Está amplamente distribuída na Europa (Península Ibérica, Pirinéus, Itália, Alpes, Balcãs, montanhas da Europa Central e Ocidental, Cárpatos, planícies da Panónia, planícies ocidentais e orientais, província pôntica, província báltica, Inglaterra, planícies do Cáspio e Cáucaso).

Género *Calopteryx*

Calopteryx virgo (Linnaeus 1758);

De acordo com os dados, trata-se de uma espécie muito adaptável. No entanto, só é encontrada em amostras dos rios Oskova e Gostelja, num número muito reduzido.

A ordem Trichopter é semelhante a algumas borboletas pelo seu aspeto. São activos durante a noite. No entanto, há espécies cujo enxame pode estar sobre a água durante o dia. Os indivíduos adultos vivem junto à água. Após o acasalamento, as fêmeas põem os ovos na água ou junto à água. O desenvolvimento das larvas ocorre sempre debaixo de água; na maior parte dos casos em água doce e raramente em água salobra ou salgada. A maioria das larvas de Trichoptera constrói casas com diferentes materiais, como pequenas pedras, areia, conchas de caracóis e material vegetal. Os representantes desta ordem podem ser encontrados em diferentes fundos: arenosos, de seixos, pedregosos e também em restos de plantas. Foram descritas cerca de 1000 espécies, incluindo cerca de 218 espécies na Bósnia e Herzegovina. A fauna da Bósnia e Herzegovina caracteriza-se pela presença de espécies endémicas, tais como *Rhyacophila bosniaca, Glossosoma neretvae, Drusus bosnicus, Drusus ramae, Hydropsyche mostarensis.*

Família Glossosomatidae

Rod *Agapetus*

Agapetus fuscipes (Curtis, 1834);

Está presente em todas as amostras do caudal superior dos rios Oskova e Gostelja.

Família Limnephilidae

Género *Limnephilus*

Limnephilus bipunctatus (Curtis, 1834);

Está presente em Gostelja e Oskova.

Género *Potamophylax*

Potamophylax latipennis (Curtis, 1834);

Os indivíduos desta espécie só são encontrados no rio Spreca.

Família Goeridae

Género *Goera*

Goera pilosa (Fabricius, 1775); indicador fraco das águas olisapróbicas.

Encontram-se indivíduos desta espécie nos rios Oskova e Gostelja. Está amplamente distribuída na Europa (Península Balcânica, Itália, Alpes, Cárpatos, Montanhas da Europa Central e Ocidental, planícies da Panónia, planícies ocidentais, centrais e orientais, província pôntica, província báltica, terras altas boreais, Inglaterra, Tundra, Península Ibérica, Pirinéus, Irlanda, Norte da Suécia e Taiga).

Género *Silo*

Silo pallipes (Fabricius, 1781);

Silo piceus (Brauer, 1875);

Espécies do género *Siloare* encontradas apenas na fauna bentónica do rio Turija. São bons indicadores de águas oligossaprobianas.

Família Sericostomatidae

Género *Sericostoma*

Sericostoma personatum (Spence, 1826);

Está presente em amostras recolhidas nos caudais superiores e médios de todos os rios da bacia hidrográfica do lago Modrac, exceto no rio Spreca. Está amplamente distribuída na Europa (Balcãs Ocidentais, Itália, Alpes, Cárpatos, Montanhas da Europa Central e Ocidental, planícies da Panónia, planícies ocidentais, centrais e orientais, província pôntica, província báltica, terras altas boreais, Inglaterra, Tundra, Península Ibérica, Pirinéus, Irlanda, Norte da Suécia e Taiga)

Família Lepidostomatidae

Género *Athripsodes*

Athripsodes aterrimus (Stephens, 1836);

Os indivíduos desta espécie encontram-se no caudal superior dos rios Spreca, Oskova e Gostelja.

Família Hydropsychidae

Género *Hydropsyche*

Hydropsyche siltalai (Doehler,1963);

O lugar significativo em número de indivíduos encontrados em toda a amostra pertence a esta espécie, cuja presença é confirmada em amostras de todos os rios examinados. É um bom indicador de águas moderadamente poluídas.

Hydropsyche incognita (Pitsch, 1993);

Está presente nos cursos de água dos rios Oskova e Gostelja.

Hydropsyche pellicidula (Curtis, 1834);

A área de distribuição desta espécie é a mesma que a da Hydropsyche *incognita.*

Hydropsyche angustipennis (Curtis, 1834);

É uma das espécies mais numerosas nas amostras dos rios examinados do lago Modrac, com exceção da ribeira de Jablanica, onde não se encontraram indivíduos desta espécie. Distribui-se por toda a Europa, exceto na Panínsula Ibérica, Islândia e Cáucaso.

Hydropsyche instabilis (Curtis, 1834);

A área de distribuição de *Hydropsyche instabilis* na zona investigada é a mesma que a de Hydropsyche *angustipennis*. O número de indivíduos é significativamente mais baixo em todos os cursos de água, exceto no rio Turija, onde o número de indivíduos é significativamente mais elevado em comparação com outras localidades.

Família Rhyacophilidae

Género *Rhyacophila*

Rhyacophila dorsalis (Curtis, 1834);

Está presente em amostras dos rios Spreca, Oskova e Gostelja.

Rhyacophila nubila (Zetterstet, 1840);

Os estudos efectuados revelaram um pequeno número desta espécie nos rios examinados, Oskova e Gostelja. Esta espécie encontra-se em muitos locais da Europa (Balcãs, Cárpatos, montanhas da Europa Central e Ocidental, planícies ocidentais, centrais e orientais, província do Báltico, terras altas boreais, Inglaterra, Tundra, Norte da Suécia e Taiga).

Rhyacophila fasciata (Hagen, 1859);

Os representantes do género *Rhyacophila* não constroem casas individuais, mas protegem-se debaixo de alguma cobertura, rochas, etc. Foi recolhido um pequeno número de indivíduos no fundo dos rios examinados (Gostelja e Turija).

Família Philopotamidae

Género *Philopotamus*

Philopotamus montanus (Donovan, 1813);

Nas amostras zoobentónicas dos rios examinados, a espécie *Philopotamus montanus* foi encontrada nos rios Oskova e Gostelja.

Família Odontoceridae

Género *Odontocerum*

Odontocerum albicorne (Scopoli, 1763);

É um bom indicador para águas limpas oligossaprobianas. Foi identificado um pequeno número de indivíduos nos rios Spreca, Oskova e Gostelja. Encontra-se bem distribuída por toda a Europa: Balcãs, montanhas da Europa Central e Ocidental, planícies ocidentais, centrais e orientais, província do Báltico, terras altas boreais, Englans, tundra, Norte da Suécia e Taiga.

Família Polycentropidae

Género *Polycentropus*

Polycentropus flavomaculatus (Pictet, 1834);

Os indivíduos desta espécie só são encontrados em amostras do rio Turija.

A ordem Diptera (moscas-das-abelhas) é a que voa melhor entre os insectos, tendo apenas as asas frontais desenvolvidas. Habitam diferentes biótopos na terra. Na água, o maior número de Diptera encontra-se em águas com fundos lamacentos ou com restos de plantas. Vivem em habitats com água limpa, bem como naqueles com muita matéria orgânica.

Família Tipulidae

Género *Tipula*

Tipula saginata (Bergroth, 1890);

Esta espécie foi encontrada em todos os rios da bacia hidrográfica do lago Modrac, exceto no rio Turija.

Tipula lateralis (Meigen, 1804);

Os indivíduos desta espécie estão amplamente distribuídos, o que é demonstrado pela sua presença em todos os rios examinados. A espécie está amplamente distribuída na maior parte da Europa: Balcãs Orientais, Balcãs Ocidentais Helénicos, Península Ibérica, Pirinéus, Alpes, Cárpatos, Província Pôntica, Montanhas da Europa Central e Ocidental, Planícies Centrais e Ocidentais, Província Báltica, Terras Altas Boreais, Irlanda, Inglaterra, Tundra, Norte da Suécia e Taiga.

Família Chironomidae

Género *Chironomus*

Chironomus thummi (Kieffer, 1911);

Na ordem Diptera, nas localidades examinadas, os indivíduos mais numerosos eram da espécie *Chironomus thummi*, cuja presença foi confirmada na fauna bentónica de todos os rios examinados. A família Chironomidae pertence a um grupo de fracos indicadores da qualidade da água. A sua distribuição na Europa é registada em locais como: Península Ibérica, Pirinéus, Alpes, Cárpatos, Montanhas da Europa Central e Ocidental, Planícies da Europa Central e Ocidental, Planícies da Panónia.

Género *Prodiamesa*

Prodiamesa olivacea (Meigen, 1818);

A presença desta espécie só é confirmada em amostras bentónicas dos rios Oskova e Gostelja. Na Europa, está amplamente distribuída, com exceção da Islândia e da Tundra.

Família Limoniidae

Género *Pedica*

Pedicia immaculata (Meigen, 1804); (= *Trichipona immaculata*),

Nas amostras bentónicas do rio Oskova só *foi* encontrado um indivíduo da espécie

Pedicia immaculata. Distribui-se na maior parte da Europa: Balcãs, Península Ibérica, Pirinéus, Alpes, Cárpatos, Montanhas da Europa Ocidental e Central, Planícies Orientais e Centrais, Planícies da Panónia, Província Báltica, Terras Altas Boreais, Irlanda, Inglaterra, Tundra, Norte da Suécia, Cáucaso e Taiga.

Pedicia rivosa (Linnaeus, 1758);

Foi encontrada em amostras bentónicas dos rios Spreca, Oskova e Gostelja. A distribuição na Europa é registada em locais como: Cárpatos, montanhas da Europa Central e Ocidental, planícies da Europa Central e Oriental, planícies da Panónia, terras altas boreais, Inglaterra, Tundra, Norte da Suécia e Taiga.

Família Athericidae

Género *Atherix*

Atherix ibis (Fabricius, 1781);

O número desta população nas amostras recolhidas é diferente, desde o mais numeroso de 103 em amostras bentónicas do rio Oskova, passando por um número significativamente menor em amostras de fauna bentónica do rio Gostelja, até apenas 2 indivíduos em amostras do rio Turija.

Família Tabanidae

Género *Tabanus*

Tabanus maculicornis (Zetterstedt, 1842);

A espécie *Tabanus maculicornis* está presente em todas as amostras do rio Oskova e do ribeiro Jablanica. Distribui-se na maior parte da Europa: Balcãs, Península Ibérica, Pirinéus, Alpes, Cárpatos, Montanhas da Europa Ocidental e Central, Planícies Ocidental, Oriental e Central, Planícies da Panónia, Província do Báltico, Terras Altas Boreais, Inglaterra, Norte da Suécia, Planícies do Cáspio, Cáucaso e Taiga.

Família Pediciidae

Género *Dicranota*

Dicranota sp.

Os indivíduos desta espécie só são encontrados na fauna bentónica do caudal superior do rio Spreca.

Família Simulidae

Género *Simulium*

Simulium sp.

Um número significativamente elevado de populações da espécie *Simulium sp.* foi registado ao longo do curso de água examinado do rio Spreca.

A ordem Coleoptera (escaravelhos) é o grupo mais bem sucedido dos animais em geral, que ocupou todas as regiões zoogeográficas. Ao contrário dos outros insectos aquáticos que passam uma parte da sua vida na água, os escaravelhos aquáticos passam toda a sua vida na água.

Família Elmidae

Género *Elminus*

Elmis aenea (Muller, 1806); (= *Elmis maugei*),

A espécie *Elmis aenea* é uma das mais numerosas da ordem dos Coleoptera, tendo sido encontrada como larva e imago em amostras recolhidas em todos os rios examinados, exceto no ribeiro Jablanica. Está distribuída por toda a Europa, exceto na província pôntica e na Islândia.

Género *Riolus*

Riolus cupreus (Muller, 1806);

Os estudos efectuados demonstraram a presença desta espécie em amostras dos rios Oskova, Gostelja e Turija.

Género Limnius

Limnius volckmari (Panzer, 1793);

Esta espécie foi amostrada no rio Spreca, em Turija e na ribeira de Jablanica. As espécies *Riolus cupreus* e *Limnius volckmari são* bons indicadores de água limpa. Distribui-se por toda a Europa, exceto na Islândia e nas terras baixas do Cáspio.

Família Hydrophilidae

Género *Hydraena*

Hydraena gracilis (Germar, 1824);

As populações desta espécie só são encontradas em amostras bentónicas da ribeira de Jablanica.

Família Gyrinidae

Género *Gyrinus*

Gyrinus natator (Linnaeus, 1758);

As investigações mostraram a presença desta espécie nas localidades examinadas de todos os rios, com exceção da ribeira de Jablanica.

Capítulo 5

GRAU DE DIVERSIDADE DOS MACROZOOBENTOS PESQUISADOS COMUNIDADES DA BACIA DO LAGO MODRAC

Depois de analisar as comunidades de macroinvertebrados nos locais designados dos cursos de água investigados, foi efectuada uma análise da diversidade das populações investigadas na área investigada. A fim de examinar um quadro mais completo da presença de comunidades de macrozoobentos na bacia do lago Modrac, foi efectuada uma análise de agrupamento. A análise de agrupamento das comunidades de macroinvertebrados baseou-se no índice de semelhança de Bray - Curtis. A análise de agrupamento mostrou o grau de semelhança mútua, ou seja, a menor diferença entre as comunidades de zoobentos nos cursos de água investigados.

De acordo com os dados apresentados nos Quadros 9 e 10, é evidente que, segundo a diversidade das espécies presentes, os mais semelhantes são os rios Oskova e Gostelja, com uma percentagem de semelhança de 56,168%. A percentagem de semelhanças para outros cursos de água investigados é significativamente inferior à apresentada nos Quadros 9 e 10.

Tabela 9. Similaridade dos cursos de água investigados com base na presença de espécies de macroinvertebrados

Step	Clusters	Distance	Similarity	Joined 1	Joined 2
1	4	43,83177567	56,16822433	2	3
2	3	67,06666565	32,93333435	2	5
3	2	69,76850128	30,23149872	1	2
4	1	78,2931366	21,7068634	1	4

Tabela 10. Percentagem de semelhanças entre os cursos de água investigados com base na presença de espécies de macroinvertebrados

Similarity Matrix	Spreča	Oskova	Gostelja	Turija	Jablanica
Spreča	*	28,1393	20,9379	12,3526	30,2315
Oskova	*	*	56,1682	15,6906	25,8064
Gostelja	*	*	*	21,7069	32,9333
Turija	*	*	*	*	11,1111
Jablanica	*	*	*	*	*

Os resultados do estudo da diversidade das comunidades de macroinvertebrados investigadas na bacia do lago Modrac são apresentados na Figura 13. Como mostra o gráfico, as comunidades de zoobentos dos rios Gostelja e Oskova apresentam o grau de semelhança mais elevado. A comunidade de zoobentos do curso de água Jablanica apresenta um índice de semelhança mais baixo e a comunidade de zoobentos do rio Spreca apresenta um índice de semelhança ainda mais baixo. A comunidade de macroinvertebrados do rio Turija encontra-se num grupo separado.

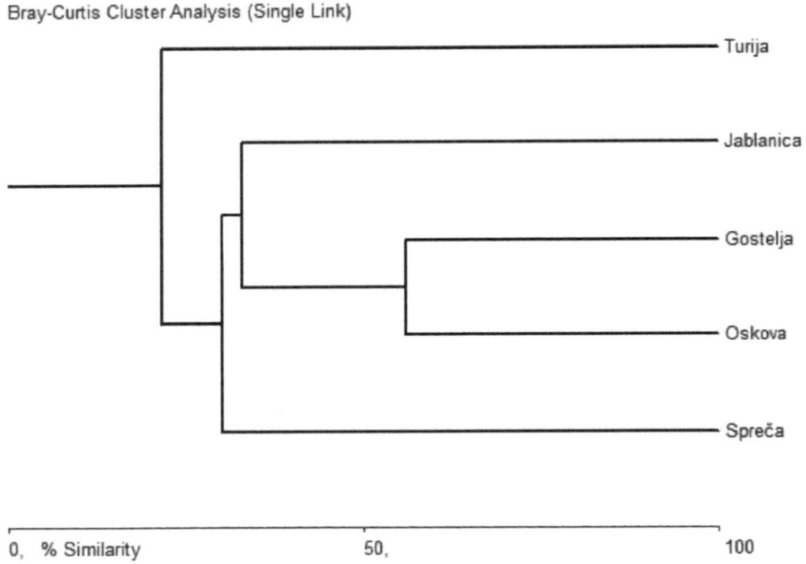

Figura 13. Representação da análise de clusters das comunidades zoobentónicas dos rios da bacia do lago Modrac

A diversidade das comunidades de macroinvertebrados dos cursos de água explorados é demonstrada pelo índice de diversidade de Shanon-Weaver. O índice de diversidade de Shanon-Weaver é calculado ao nível das espécies. A análise da diversidade foi efectuada para os cinco cursos de água investigados e os resultados são apresentados na Tabela 11 e na Figura 14. Com base nos resultados da diversidade, pode concluir-se que existem diferenças significativas entre os fluidos investigados, o que indica a composição heterogénea dos comunidades de macroinvertebrados dos cursos de água estudados. O índice de diversidade do rio Oskova apresenta o valor mais elevado (1,569), o que significa que as populações de macroinvertebrados estão mais bem desenvolvidas na amostra deste curso de água. Foi registado um índice de diversidade ligeiramente inferior no rio Gostelja, que é de 1,566. Foram registados valores mais baixos de diversidade nos outros cursos de água investigados, como se pode ver no Quadro 11. Os baixos valores obtidos para o índice de diversidade dos cursos de água investigados (Spreca e Turija) indicam uma grande poluição, enquanto a situação nos outros cursos de água investigados é um pouco melhor.

Tabela 11. Cursos de água explorados com índice de diversidade de Shannon-Weaver.

Index	Spreča	Oskova	Gostelja	Turija	Jablanica
Shannon	1,043	1,569	1,566	1,032	1,248

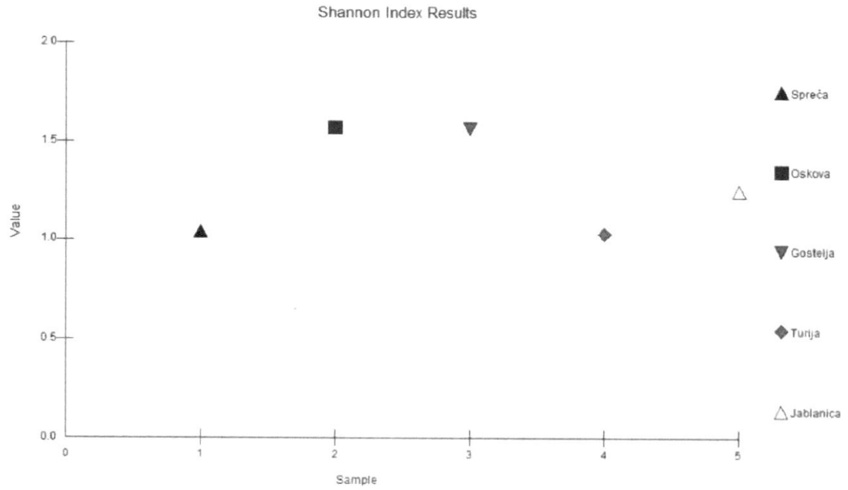

Figura 14. Valores do índice de diversidade de Shannon - Weaver dos cursos de água investigados

LITERATURA 1. Bogoescu, C. (1958): Fauna republicii populare romine, Insecta, Vol. VII,fascicula 3, Ephemeroptera. Editura, Academiei Republicii Populare Romine.

2. Brinkhurst, R. U. (1963): Aguidae for the Identification of Britsh Aquatic Oligochaeta, Scientific Publication, No 22.

3. Curtis, F. (1834): descrições de algumas espécies britânicas honradas de Mayflib of Anglers. Lund. Edins. Phil. Mag. IV, 3: 103 - 122.

4. Dall, C. P. (1995): *Métodos comummente utilizados para aavaliação da qualidade da água.* In: Biological Assessement of Stream Water Quality, Universidade de Ljubljana, Ljubljana.

5. Dall, W. B. J., Hill, P.C. Rothlisberg & D. J. Staples. (1990):*The biology of the Penaeidae,* p. 1-489. In: J. H. S. Blaxter& A. J. Southward (Eds). Advances in Marine Biology 27. Academic Press. Londres.

6. Dietrich,F., Waringer, J.A. (1999):*Padrões de distribuição e caraterização do habitat de Elmidae e HydraenidaeInsecta: Coleoptera) no Weidlingbach perto de Viena, Áustria.* International Review of Hydrobiology 84: 1-15.

7. Elliott, J.M. (1971b): *Upstream movements of benthic invertebrates in a Lake District stream.* Jurnal of Animal Ecology 40, 235-252.

8. Habdija, I., Prime, B., Maloseja, Z. (1983): *Testes de fitoplâncton, zooplâncton, fitobentos e zoobentosa no rio Spreca. Plano de proteção da qualidade da água na bacia do rio Sprece, livro 2. Results of pysical-chemicalandhydro- biologicalresearch.* Instituto de Engenharia Química de Tuzla, 175 - 223. Tuzla.

9. Hynes, H. B. N. (1961): *The invertebrate fauna of a Welsh mountain stream.* Archiv fur Hydrobiologie 57, 344-388.

10. Illies, J. (1978): *Limnofauna Europea.* Eine Zusammenstellung aller die europaischen Binnengewasser bewothenden mehrzelligen Tierarten mit Angaben uber ihre Verbreitung und Okoliogie. Gustav Fischer Verlag - Estugarda - Nova Iorque, Swets & Zeitlinger B.V. - Amesterdão.

11. Quigley, M. (1997): "*Invertebrados de cursos de água e rios: A key to Identification*". Edward Arnold Pub. UK.

12. Kerovec, M. (1988): *Ecologia das águas interiores.* Sociedade Ecológica Croata, Zagreb.

13. Kerovec, M. (1986): *Prirucnik za upoznavanje beskraljesnjaka nasih potoka i rijeka.* SNL, Zagreb.

14. Lindeaard, C. (1994): *A resposta da fauna aos impactos humanos em águas correntes, com especial referência às condições das terras baixas.* In: Biological Asse-sement of Stream Water Quality, Universidade de Ljubljana, Ljubljana.

15. SANSONI, G. (1992): *Atlante per ilriconoscimentodeimacroinvertebratideicorsi d acquaItaliani.* Centro Italianostudi di biologiaambientale, Provinciaautonoma di Trento.

16. Skenderovic, I. (2016). *População de peixes do rio Spreca.* Ichyomonography. Off set. Tuzla.

17. Skenderovic, I. Adrovic, A. Bajric, A. Skenderovic, I. (2016): *Utilização de Softwer Aplicações na avaliação da qualidade da água.* Tem Journa, Novi Pazar.
18. Shannon, C. E. & Weaver, W. (1949): *The Mathematical Theory of Communication.* Universidade de Illinois, Illinois.
19. Studemann, D. Landolt, P. Sartori, M., Hefti, D. e I. Tomka (1992): *Ephemeroptera.* Insecta Helvetica Fauna, 9. ImprimerieMauron + Tinguely & Lachat SA, Friburgo.
20. Trozic, B.S. (2011): *Prirucnik iz Hidrobiologije za studente biotehnickih nauka.* Prirodno-matematicki fakultet Univerziteta u Sarajevu, Sarajevo.
21. Waringer, J. & Graf, W. (1997):
*Atlas der Osterreichischen Kocherfliegenlarven.*FacultasUniveritatsverlag, Wien.
22. Wegl, R. (1983): *Index fur die Limnosaprobiat.* Wasser und Abwasser.

MIX
Papier aus verantwortungsvollen Quellen
Paper from responsible sources
FSC® C105338

Printed by Books on Demand GmbH, Norderstedt / Germany